信息科学技术学术著作丛书

差分演化算法的理论与应用

熊盛武　胡中波　苏清华　著

本书得到湖北省教育厅重点科研项目(D20161306)、
湖北省自然科学基金重点项目(2015CFA059)、
湖北省科技支撑计划项目(2014BAA146)和
河南省科技开放合作项目(152106000048)资助

科学出版社

北　京

内 容 简 介

　　全书内容分为差分演化算法(以下简称算法)的理论与应用两篇。理论篇主要内容包括算法的不确保依概率收敛性的理论分析、算法依概率收敛的充分条件、改进算法的收敛性分析、辅助算法收敛的子空间聚类算子的设计。应用篇主要内容包括收敛算法在螺旋压缩弹簧参数优化问题中的应用、算法在薄膜太阳能电池抗反射层微结构设计和在彩色图像颜色量化问题优化中的应用。

　　本书可作为高等院校数学、信息与计算机类专业的教材或参考书,也可供从事智能优化应用研究的相关工作人员参考。

图书在版编目(CIP)数据

　　差分演化算法的理论与应用/熊盛武,胡中波,苏清华著.—北京:科学出版社,2017.5
　　(信息科学技术学术著作丛书)
　　ISBN 978-7-03-052736-3

　　Ⅰ.①差…　Ⅱ.①熊…②胡…③苏…　Ⅲ.差分法-研究　Ⅳ.O241.3

　　中国版本图书馆 CIP 数据核字(2017)第 101427 号

責任編輯:魏英杰 / 責任校对:桂伟利
責任印制:张　伟 / 封面设计:陈　敬

科 学 出 版 社 出版
北京东黄城根北街 16 号
邮政编码:100717
http://www.sciencep.com

北京中石油彩色印刷有限责任公司 印刷
科学出版社发行　各地新华书店经销

*

2017 年 5 月第　一　版　开本:720×1000 1/16
2019 年 3 月第四次印刷　印张:13 1/4
字数:268 000
定价:95.00 元
(如有印装质量问题,我社负责调换)

《信息科学技术学术著作丛书》序

21世纪是信息科学技术发生深刻变革的时代,一场以网络科学、高性能计算和仿真、智能科学、计算思维为特征的信息科学革命正在兴起。信息科学技术正在逐步融入各个应用领域并与生物、纳米、认知等交织在一起,悄然改变着我们的生活方式。信息科学技术已经成为人类社会进步过程中发展最快、交叉渗透性最强、应用面最广的关键技术。

如何进一步推动我国信息科学技术的研究与发展;如何将信息技术发展的新理论、新方法与研究成果转化为社会发展的新动力;如何抓住信息技术深刻发展变革的机遇,提升我国自主创新和可持续发展的能力? 这些问题的解答都离不开我国科技工作者和工程技术人员的求索和艰辛付出。为这些科技工作者和工程技术人员提供一个良好的出版环境和平台,将这些科技成就迅速转化为智力成果,将对我国信息科学技术的发展起到重要的推动作用。

《信息科学技术学术著作丛书》是科学出版社在广泛征求专家意见的基础上,经过长期考察、反复论证之后组织出版的。这套丛书旨在传播网络科学和未来网络技术,微电子、光电子和量子信息技术、超级计算机、软件和信息存储技术,数据知识化和基于知识处理的未来信息服务业,低成本信息化和用信息技术提升传统产业,智能与认知科学、生物信息学、社会信息学等前沿交叉科学,信息科学基础理论,信息安全等几个未来信息科学技术重点发展领域的优秀科研成果。丛书力争起点高、内容新、导向性强,具有一定的原创性;体现出科学出版社"高层次、高质量、高水平"的特色和"严肃、严密、严格"的优良作风。

希望这套丛书的出版,能为我国信息科学技术的发展、创新和突破带来一些启迪和帮助。同时,欢迎广大读者提出好的建议,以促进和完善丛书的出版工作。

中国工程院院士

原中国科学院计算技术研究所所长

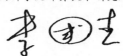

前　言

　　差分演化算法是一类新兴的应用广泛的演化算法,算法实现简单、经验参数少、稳健性强。差分演化算法是在历届演化优化算法的国际竞赛中唯一一个一直排名前五的算法。自 1995 年提出以来的 20 年的时间里,差分演化算法吸引了越来越多不同工程领域的科技工作者的关注与研究,算法已经被应用到 30 多个领域,算法源码也被嵌入到 MATLAB、OPTIMUS 等十多个常用软件包。

　　与差分演化算法的应用研究相比,算法的理论研究进展缓慢,关于差分演化算法的收敛性理论研究成果更少;存在为数不多的依概率收敛的差分演化算法被提出,但该类算法往往因为求全能力与求精能力的不平衡导致算法效率不高,达不到理论上的预期效果,因此在理论上收敛的算法的工程应用研究进展缓慢。针对这些不足之处,团队围绕差分演化算法的收敛理论、依概率收敛差分演化算法的设计及其在压缩弹簧参数优化、太阳能电磁抗反射结构参数优化和彩色图像颜色量化等多个领域的应用,进行了多年的研究。基于本实验室的研究成果,本书讲述差分演化算法的收敛性理论及其应用的部分研究成果。

　　本书分两篇共 9 章,第 1 章综述差分演化算法的理论研究、算法设计研究和工程应用研究的相关成果。第一篇从第 2 章～第 5 章讲述差分演化算法的收敛理论与收敛算法的设计。其中,第 2 章和第 3 章讲述差分演化算法的收敛性理论研究成果;第 4 章和第 5 章讲述依概率收敛差分演化算法的设计。第二篇从第 6 章～第 9 章分别介绍差分演化算法在螺旋压缩弹簧参数优化、太阳能电磁抗反射结构参数优化和彩色图像颜色量化问题中的应用。

　　本书集中了团队多年的研究成果,得到湖北省教育厅重点科研项目(D20161306)资助。书中第 1 章～第 6 章包含胡中波博士阶段的部分研究成果,第 7 章包含赵永翔博士后阶段的部分研究成果,第 8 和 9 章包含苏清华博士阶段的部分研究成果。全书由长江大学胡中波博士统稿。

　　学识所限,不妥之处在所难免,敬请读者指正,不胜感激!

2016 年 5 月于武汉理工大学

目　　录

第1章 绪 论

1.1 引 言

人工智能(artificial intelligence,AI)是创造智能机器的科学与工程[1],计算智能(computational intelligence,CI)是实现人工智能的技术与方法[2],基于自然精神的算法是计算智能的主要组成部分,包括神经网络(neural networks)、模糊系统(fuzzy system)和演化计算(evolutionary computation,EC)等。演化计算方法又分为群体智能算法(swarm intelligence algorithms)和演化算法(evolutionary algorithms),典型的演化算法有遗传算法(genetic algorithm,GA)、遗传程序设计(genetic programming,GP)、演化策略(evolution strategy,ES)、演化规划(evolution programming,EP)和差分演化(differential evolution,DE)算法等。

差分演化算法[3]是 Storn 和 Price 1995 年为求解切比雪夫多项式拟合问题提出的一种基于演化机理的随机搜索算法。国内一般有差分演化算法、差分进化算法和差异进化算法等三种称谓。近 20 年的数值模拟与工程应用研究表明,差分演化算法是最强有力的智能计算方法之一。

差分演化算法具有优化效果稳健、控制参数少、易于编程实现等优点,自提出以来迅速引起了众多学者关注。2005 年 Springer 出版差分演化算法的第一本专著 *Differential Evolution:A Practical Approach to Global Optimization*[4]。2007~2009 年,汤姆森科技信息集团的科学引文检索收录有关差分演化算法的文章不少于 3964 篇[5]。2011 年 2 月,*IEEE Transaction on Evolutionary Computation* 出版了一期差分演化算法的专辑。目前,该算法已经被应用到了组合优化[6]、多目标优化[7]、函数优化[8]和图像颜色量化[9]等二十多个领域,算法源码已经被包含在诸如 Built in optimizer in MATHEMATICA′s function Nminimize(since version 4.2),MATLAB′s GA toolbox contains a variant of DE,Digital Filter Design,Diffraction grating design,Electricity market simulation,Auto2Fit,LMS Virtual Lab Optimization,Optimization of optical systems,Finite Element Design,LabView,Microwave Office 10.0 by AWR Corp. 和 OPTIMUS 等 12 个应用软件包中[10]。

众多比较性数值模拟与应用研究表明,差分演化算法是最强有力的随机优化算法之一。文献[11]应用 34 个测试函数,比较了差分演化算法、粒子群算法、一个改进的粒子群算法[12,13](attractive and repulsive PSO,arPSO)和基本演化算法[14]

(simple evolutionary algorithm,SEA)的性能,比较结果显示差分演化算法的整体性能优于被比较的其他三个算法。文献[15]运用差分演化算法和遗传算法优化给排水系统,在 6 个案例上的数值实验结果表明差分演化算法能得到更好的优化效果。文献[7]比较了差分演化算法和模拟退火算法(simulated annealing,SA)在辐射传递问题上的优化效果,结果表明差分演化算法和模拟退火算法都能得到较好的优化结果,但是差分演化算法相对模拟退火算法更稳健。

在历届演化优化的国际竞赛(international contest on evolutionary optimization,ICEO)中,差分演化算法是唯一的在每届比赛中都表现优异的算法[5]。在 1996 年的第一届 ICEO 竞赛中,差分演化算法虽然只获得第三名[16,17],但却是表现最好的演化算法(排名在前两位的是非智能算法)。接下来,在 1997 年的第二届 ICEO 竞赛中,差分演化算法获得第一名[17,18],数值实验结果表明差分演化算法是所有参赛算法中表现最优异的。表 1.1 给出了自 2006～2013 年各届 ICEO 竞赛的结果,表中"-V"表示基于某算法的改进算法。由此可见,ICEO 的测试数据集包括约束与无约束的单目标优化、约束与无约束的多目标优化、大规模单目标优化和动态优化等。在这些数据集上,差分演化算法或者差分演化算法的改进算法(differential evolution variants,DE-V)是唯一一个能够一直排名前五的演化计算方法。差分演化算法是当前最有影响力的演化计算方法之一[19-22]。

表 1.1　历届演化计算国际竞赛(ICEO2006～2013)排名前五的算法

年份	排名第一	排名第二	排名第三	排名第四	排名第五	数据集
2006	**DE-V**[23]	PSO-V[24]	Other[25]	**DE-V**[26]	**DE-V**[27]	约束单目标
2007	GA-V[28]	GA-V[29]	**DE-V**[30]	**DE-V**[31]	**DE-V**[32]	多目标优化
2008	**DE-V**[33]	PSO-V[34]	Other[35]	MTS-V[36]	EDA-V[37]	大规模单目标
2009	DAS[38]	**DE-V**[39]	AIA-V[40]	EP-V[41]	PSO-V[42]	动态优化
2009	MOEA/D[43]	MTS-V[44]	Other[45]	MOEA/D[46]	**DE-V**[47]	多目标优化
2010	MA-V[48]	**DE-V**[49]	**DE-V**[50]	PSO-V[51]	DAS[52]	大规模单目标
2010	**DE-V**[53]	Other[54]	**DE-V**[55]	**DE-V**[56]	ABC-V[57]	约束单目标
2011	GA-V[58]	**DE-V**[59]	**DE-V**[60]	GA-V[61]	**DE-V**[62]	单目标优化
2013	CMA-ES-V[63]	Other[64]	MA-V[65]	**DE-V**[66]	CMA-ES-V[63]	单目标优化

注:"-V"表示基于某算法的改进算法,"Other"表示非演化计算方法。

1.2　差分演化算法

差分演化算法常被用来求解连续优化问题,不失一般性,最小化边界约束连续

优化问题的形式化表达式为

$$\min \quad f(\boldsymbol{x})$$
$$\text{s. t.} \quad \boldsymbol{x} = (x_1, x_2, \cdots, x_D) \in \psi \subset R^D \tag{1.1}$$

其中，R^D 是 D 维搜索空间；$\psi = \prod_{j=1}^{D} [L_j, U_j]$ 是解空间，U_j 和 L_j 分别是 x_j 的上下界。

记该问题的最优解是 $\vec{x}^*$，最优解集是 B^*。除非特别说明，接下来的讨论将基于上述最小化问题展开研究。

差分演化算法的基本思想是运用当前种群个体的差来重组得到中间个体，即实验个体(trail individual)，然后运用父子个体适应值竞争来获得新一代个体。差分演化算法是最典型的演化算法之一，与其他演化算法类似，算法通过变异、交叉和选择等三步的循环来达到寻优目的。算法流程如下。

Step1，(初始化) 初始化种群规模(population size, N)、个体维数(individual dimension, D)、变异因子(mutation factor, F)、交叉概率(crossover probability, CR)、初始化种群 $X^t = (\vec{x}_1^t, \vec{x}_2^t, \cdots, \vec{x}_N^t)$。这里迭代次数 $t = 0$，表示第 0 代的初始化种群；$\vec{x}_i^t, i = 1, 2, \cdots, N$ 表示第 t 代的第 i 个个体，每个个体都是 D 维向量。

Step2，(变异) 算法通过变异操作为每个个体产生一个对应的捐助向量 $\boldsymbol{v}$(donor vector)，最常用的 5 个变异操作如下。

第一，DE/rand/1：$\vec{v}_i^t = \vec{x}_{r1}^t + F \cdot (\vec{x}_{r2}^t - \vec{x}_{r3}^t)$。

第二，DE/best/1：$\vec{v}_i^t = \vec{x}_{\text{best}}^t + F \cdot (\vec{x}_{r1}^t - \vec{x}_{r2}^t)$。

第三，DE/current-to-best/1：$\vec{v}_i^t = \vec{x}_i^t + F \cdot (\vec{x}_{\text{best}}^t - \vec{x}_{ri}^t) + F \cdot (\vec{x}_{r1}^t - \vec{x}_{r2}^t)$。

第四，DE/best/2：$\vec{v}_i^t = \vec{x}_{\text{best}}^t + F \cdot (\vec{x}_{r1}^t - \vec{x}_{r2}^t) + F \cdot (\vec{x}_{r3}^t - \vec{x}_{r4}^t)$。

第五，DE/rand/2：$\vec{v}_i^t = \vec{x}_{r1}^t + F \cdot (\vec{x}_{r2}^t - \vec{x}_{r3}^t) + F \cdot (\vec{x}_{r4}^t - \vec{x}_{r5}^t)$。

其中，$\vec{x}_i^t, i = 1, 2, \cdots, N$ 是第 t 代种群中的第 i 个个体，称为目标向量(target vector)；$r1, r2, \cdots, r5$ 是 $1 \sim N$ 中不等于 i 的相异的随机整数；$\vec{x}_{\text{best}}^t$ 是第 t 代种群中的最优个体；变异因子 F 是经验参数，一般在区间 $(0, 1]$ 上取值。

Step3，(交叉) 算法通过目标向量和捐助向量之间的交叉操作为每个目标个体产生一个实验向量 $\boldsymbol{u}$，差分演化算法经典的交叉操作有指数交叉(exponential crossover)和二项式交叉(binomial crossover)，最常用的二项式交叉可以表示为

$$u_{i,j}^t = \begin{cases} v_{i,j}^t, & \text{rand}(0,1) \leqslant CR \text{ 或 } j = j_{\text{rand}} \\ x_{i,j}^t, & \text{其他} \end{cases}$$

其中，$j = 1, 2, \cdots, D$；CR 是算法的第二个经验参数，一般在 $(0, 1)$ 上取值；$\text{rand}(0, 1)$ 是在 $[0, 1]$ 上服从均匀分布的随机数；j_{rand} 是 1 和 D 之间的一个随机整数，保证至少在某一维上实施交叉操作。

Step4，(选择) 差分演化算法通过在目标向量和实验向量之间实施贪婪的选

择操作来产生下一代种群,选择操作(针对最小化问题)可表示为

$$\vec{x}_i^{t+1}=\begin{cases}\vec{u}_i^t, & f(\vec{u}_i^t)<f(\vec{x}_i^t)\\ \vec{x}_i^t, & \text{其他}\end{cases}$$

这里 $f(\cdot)$ 是最小化问题的目标函数值。

　　Step5,(终止)循环执行 Step2~Step4,直至达到设定的循环终止条件,输出最优结果。常用的终止条件有两个:一是设定最大迭代次数,二是设置精度水平。

　　算法注解。

　　① 差分演化算法最具特色的是它自适应的变异操作。在演化的初期阶段,因为种群中个体的差异较大,因此用来作为变异扰动的差向量也较大,个体的扰动就较大,有利于算法的全局搜索;随着演化的进行,当算法趋于收敛的时候,种群中个体的差异随之较小,因此用来变异扰动的差向量也随之自适应地变小,较小的扰动有利于算法的局部搜索。正是这种简单又独具特色的变异操作有效地平衡了差分演化算法的全局搜索能力和局部搜索能力。需要注意的是,差分演化算法的变异操作对于搜索空间是不封闭的,即变异后得到的捐助向量可能会溢出搜索空间。周期模式(Periodic Mo 差分演化)是常用的处理方法之一,即

$$v_{i,j}=\begin{cases}U_j-(L_j-v_{i,j})\%|U_j-L_j|, & v_{i,j}<L_j\\ L_j-(v_{i,j}-U_j)\%|U_j-L_j|, & v_{i,j}>U_j\end{cases}$$

其中,"%"是"求余"运算。

　　② 相对其他演化算法,差分演化具有算法简单、易于实现的优点。

　　③ 差分演化算法仅有三个经验控制参数,即种群规模 N、变异因子 F 和交叉概率 CR。算法的表现对参数的设置是敏感的,针对其中两个关键控制参数 F 和 CR,已经研究出了较多简单有效的自适应(或者适应)控制方法。

　　④ 相对其他有竞争力的同类算法,较小的空间复杂度是差分演化算法的另一个优势,如协方差矩阵自适应进化策略(covariance matrix adaptation-evolution strategy,CMA-ES)。在不高于 100 维的优化问题上,CMA-ES 表现出很强的竞争力,但是在更高维的大规模优化问题上,空间复杂度的优势让差分演化算法表现出更强的可拓展性。

1.3　差分演化算法理论研究概述

　　随着差分演化算法在数值模拟和众多工程应用领域的成功,越来越多的学者开始关注差分演化算法的理论研究。演化计算方法的理论研究是一个研究的难点,差分演化算法的理论研究更是进展缓慢。接下来,从算子搜索机理、算法渐近

收敛性、算法复杂度和收敛算法设计等四个方面介绍当前的理论研究成果,然后分析在该领域可能存在的研究空间。

1.3.1 差分演化算法算子的搜索机理

差分演化算法是典型的演化算法之一,与传统的遗传算法类似,通过循环执行变异、交叉和选择操作来实现种群的逐步优化,算子搜索能力的强弱直接影响算法的整体优化性能。算子的搜索能力可分为全局搜索(globalexploration)能力和局部搜索(localexploitation)能力,全局搜索能力可由种群的多样性反映,种群的多样性又可由种群的方差反映。沿着这一研究思路,Zaharie 应用基于统计量的方法从理论上研究了差分演化算法的算子搜索机理。

2001 年,Zaharie[67] 研究了差分演化算法的变异算子、交叉算子和种群方差的数学期望之间的关系,进而推演得到种群方差的数学期望与变异因子、交叉概率之间的函数关系,并证明差分演化算法(不含选择操作)的种群方差比演化策略的大,即种群多样性比演化策略的好,这也从某种程度上解释了差分演化算法在数值模拟上表现优越的内在原因。在此基础上,2002 年 Zaharie[68] 进一步从理论上探讨了参数的取值与算法早熟之间的关系;进而,Zaharie[69] 给出一种基于上述理论研究的自适应参数策略,该策略通过控制种群方差来控制种群的多样性。2008 年,Zaharie[70] 提出一个不使用经典差运算算子的变异操作,并从理论上证明该算子对种群方差与经典变异算子和交叉算子有等同的影响力。同时,也对二进制差分演化的种群分布做了初步的分析。

差分演化算法的交叉算子最常用的有二项式交叉(bionomial crossover)和指数型交叉(exponential crossover)。Zaharie[71,72] 从理论上分析了差分演化算法交叉算子和交叉概率对算法行为的影响。理论和实验的研究结果表明,相对于常用的二项式交叉而言,指数型交叉对问题的规模更敏感,且两个交叉算子对差分演化算法行为的影响主要是通过控制变异组件来实现的。

与 Zaharie 基于统计量研究思路不同,Dasgupta 等[73] 建立了差分演化算法的动力系统模型,论证了差分演化算法搜索过程有梯度下降特征,并应用模型研究了差分演化的收敛速度与变异因子、交叉概率的相关性,进而应用李雅普诺夫稳定性定理(Lyapunov's stability theorems)分析了差分演化算法的稳定性。

胡中波和熊盛武等[74] 从代数系统是否同构的角度在理论上证明了 DE 算法不适合与 Koziel[75] 的约束处理映射相结合,而遗传算法却适合与该约束处理映射相结合。该结论从理论上论证了差分演化算法和遗传算法搜索机理的差异。

1.3.2 差分演化算法的渐近收敛性

2005 年,Xue 等[76] 简化基本差分演化算法,只考虑算法的变异和交叉操作,假设初始种群符合正态分布,建立了连续的多目标差分演化算法的数学模型,并证明在初始种群中包含问题的帕累托(Pareto)最优解的前提下,算法能够收敛到帕累托最优解。同年,Xue 等[77]把上述工作推广到离散的多目标差分演化模型中,得到了类似的结论。

2010 年,贺毅朝等[78]认为差分演化算法的演化算子可以看成一个随机映射,然后运用压缩映像定理证明基本差分演化算法的渐近收敛性。同年,孙成富[79]运用马尔可夫链模型分析并证明基本差分演化算法的种群序列是有限齐次马尔可夫链,进而采用马尔可夫链的吸收态说明了基本差分演化算法无法保证全局依概率收敛。

2012 年,Gohosh 等[80]运用李雅普诺夫稳定性定理证明基本差分演化算法在一类特殊函数上的渐近收敛性。该类函数具有两个特征,即函数二阶连续可导,函数在可行域内只有唯一的全局最优值点。

1.3.3　差分演化算法的计算复杂度

因演化搜索的随机性带来了求解时间的不确定性,使得随机算法的算法复杂度的分析显得尤其重要。差分演化算法是随机搜索算法,2005 年 Zielinski 等[81]从理论上和数值实验上研究了差分演化算法对不同终止准则的计算复杂度。Zielinski 等指出,差分演化算法的两个繁殖操作——变异、交叉——在种群(记种群规模是 NP)每一个个体(记个体维数是 D)的每一维上执行,且变异操作的执行次数与循环的总数是成比例的。因此,如果终止准则是达到最大循环次数 G_max,则差分演化算法的计算复杂度是 $O(NP \cdot D \cdot G\_max)$,进而推出结论,从整体上看,最大距离终止准则对差分演化算法有更小的计算复杂度。这里的最大距离终止准则是指,当种群中每个向量到种群中最好的向量之间的最大距离小于给定值时终止循环。

1.3.4　依概率收敛的差分演化算法设计

考虑到收敛的算法具有较高的稳健性,随着差分演化算法理论研究成果的逐步显现,收敛差分演化算法的设计正在逐步成为差分演化算法设计的一个研究分支。

2006 年,Ter Braak[82]设计了一个差分演化马尔可夫链算法,并证明该算法的种群序列收敛到一个平稳分布。2009 年,Zhao 等[83]利用停滞个体的重新抽样(抽样函数)机制改进了经典的差分演化算法,并证明改进的算法是依概率收敛的。2012 年,Zhan 等[84]基于随机游动机制(random walk)设计了一个差分演化随机游动算法,文章虽然没有给出算法的收敛性理论证明,但该算法的依概率收敛性不难证明。2013 年,Li[85]设计了一个基于高斯变异(Guassian mutation)和多样性逆转抽样(diversity-triggered reverse)的差分演化算法,并运用马尔可夫链理论证明算法的依概率收敛性。

1.4 差分演化的算法改进研究概述

1.4.1 差分演化算法控制参数的设置研究

基本差分演化算法有三个经验控制参数,即种群规模 NP、变异因子 F 和交叉概率 CR,且算法的执行效果对参数的设置是敏感的,参数的设置问题是差分演化算法基础研究的一个重要内容。Storn 和 Price[3] 指出合理的 NP 取值应介于 $5D{\sim}10D$(D 是实际问题的维数),并且 F 取值为 0.5 比较好。近期,Das 和 Suganthan 指出 F 的有效取值范围通常介于 0.4~1。

参数 CR 用以控制个体(向量)中变异的分量数目。以二维向量为例,对一个由 10 个二维向量构成的初始种群使用差分演化算法(不使用选择操作)进行 200 次迭代,图 1.1 显示当 CR 分别取值为 0、0.5 和 1 时所有 2000 个实验向量的分布。由此可见,当 CR 取值较小时,每一代个体中所变异的分量较少,因此导致大多数个体都集中分布在与坐标轴垂直的方向上;当 CR 取值较大(接近 1)时,每一代个体中变异的分量较多,这样种群的分布更均匀、种群的多样性更好。

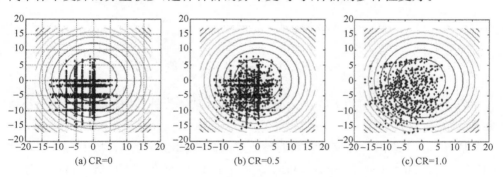

图 1.1 2000 个实验向量的分布

值得注意的是,对于传统的差分演化算法(DE/rand/1/bin),只有当 CR=1 时,算法才具备旋转不变性。此时,交叉操作是针对整个向量的操作,即该操作使得实验向量中的分量全部变异。只要 CR=1 且 F 是常数,或者按照某个分布对每个实验向量的分量的抽取不超过一次,那么变异实验向量在拓扑图中的位置就不会随着坐标的旋转而发生变化。如果 CR 取值较小(如 0.1),那么就需要通过依概率抽样对各个方向(或各个方向的一部分)进行改变。这个策略对可分离和可分解的函数(如 $f(\bm{x}) = \sum_{i=1}^{D} f_i(x_i)$)来说是一种有效策略。

　　实验结果表明,全局最优搜索能力和收敛速度对控制参数 NP、F 和 CR 的选择是敏感的,而较合理的参数设置是种群规模 NP 介于 $3D\sim8D$,变异因子 $F=0.6$,交叉概率 CR 介于 $0.3\sim0.9$。Ronkkonen 等[86]指出在一般情况下 $F=0.9$ 且 $0.4<CR<0.95$ 是最好的选择,当函数可分离时 CR 应该介于 $(0,0.2)$,而当函数的变量不是相互独立时 CR 应该介于 $(0.9,1)$。

　　研究者考虑到使用某些自适应策略来调整控制参数。例如,在差分演化算法中,对控制参数通过自适应方法进行调整[87-91]。Liu 和 Lampinen[89]介绍了一种模糊自适应差分演化算法,该算法通过包含连续几代的相关函数值和个体的模糊逻辑控制器来自适应地调整变异因子 F 和交叉概率 CR。Qin 等[90]提出 SaDE 算法,通过学习前几次迭代中产生优选解的经验逐渐地对实验向量的产生策略和控制参数 F 和 CR 进行调整。在 SaDE 算法中虽然增加了其他的控制参数,但是算法的执行效果对新增加的控制参数不敏感,因此 SaDE 算法比经典的差分演化算法更稳健。

　　Ali 和 Törn 针对 F 提出一个基于个体适应值的自适应差分演化算法[87]。该算法使用含有两个演化种群的系统,交叉概率 CR 取值为 0.5,而 F 的取值在每一代都会自适应地进行更新,其更新规则为

$$F=\begin{cases}\max\left\{l_{\min},1-\left|\dfrac{f_{\max}}{f_{\min}}\right|\right\}, & \left|\dfrac{f_{\max}}{f_{\min}}\right|<1\\[3mm]\max\left\{l_{\min},1-\left|\dfrac{f_{\min}}{f_{\max}}\right|\right\}, & 其他\end{cases}$$

其中,$l_{\min}$ 是目标函数 f 的下界;$f_{\min}$ 和 $f_{\max}$ 分别为某一代种群中目标函数的最小值和最大值。

　　Brest 等[88]给出一种控制参数的自适应规则,提出 jDE 算法,将控制参数 F 和 CR 作为分量加入个体中,并引入新的参数 τ_1 和 τ_2 来对 F 和 CR 进行自适应地调整。每一代中控制参数取值较好的个体更具有竞争力,因此进入下一代种群,其对应的控制参数 F 和 CR 根据如下规则进行自适应地调整,即

$$F_{i,G+1}=\begin{cases}F_l+\mathrm{rand}_1*F_u, & \mathrm{rand}(0,1)<\tau_1\\F_{i,G}, & 其他\end{cases}$$

$$CR_{i,G+1}=\begin{cases}\mathrm{rand}_3, & \mathrm{rand}(0,1)<\tau_2\\CR_{i,G}, & 其他\end{cases}$$

其中,F_l 和 F_u 分别是 F 的上下限,且 $F_l\in[0,1]$,$F_u\in[0,1]$。

Abbass[92] 针对多目标优化问题提出一种基于交叉概率 CR 的自适应算法。该算法将 CR 加入个体中与其他搜索变量一起进行演化,而变异因子 F 由正态分布 $N(0,1)$ 随机产生。虽然差分演化算法中当 $F>1$ 时也可能得到最优解,但由于还没有测试函数在 $F>1$ 时利用差分演化算法成功优化,因此 F 的上限取经验值 1。Zaharie[68] 给出了 F 的下限,并指出如果 F 足够小那么种群在缺少选择操作的情况下也是可以收敛的。Zaharie 证明在一些简单的假设下,第 G 代目标种群 $P_{x,t}$ 的方差与实验种群 $P_{u,t}$ 的方差之间具有如下关系,即

$$E(\text{Var}(P_{u,t})) = \left(2F^2 p_{\text{CR}} - \frac{2p_{\text{CR}}}{\text{NP}} + \frac{p_{\text{CR}}^2}{\text{NP}} + 1\right) \text{Var}(P_{x,t})$$

其中,p_{CR} 是交叉概率(Zaharie 在交叉操作中没有使用 j_{rand},交叉概率就成为一个绝对概率,因此用 p_{CR} 表示,而不是 CR)。

若差分演化控制参数满足如下关系,即

$$2F^2 - \frac{2}{\text{NP}} + \frac{p_{\text{CR}}}{\text{NP}} = 0$$

那么,种群方差就不会是随机波动的,而是一个常数。如果没有选择操作,可得一个临界值,即

$$F_{\text{crit}} = \sqrt{\frac{\left(1 - \dfrac{p_{\text{CR}}}{2}\right)}{\text{NP}}}$$

当 $F<F_{\text{crit}}$ 时,种群方差会减小;当 $F_{\text{crit}}>F$ 时种群方差会增大。在这种意义下,Zaharie 用验证了 F_{crit},给出了 F 取值的下限。Omran 等[93] 提出一种基于自适应的变异因子 F 的 SDE 算法。该算法每一代的 CR 都由正态分布 $N(0.5,0.15)$ 随机产生。SDE 算法对四个 benchmark 函数进行了测试,结果表明该算法比其他差分演化算法执行效果好。除了对参数 F 和 CR 进行自适应调整,某些研究者也对种群规模进行了自适应的调整。Teo[94] 在 Abbas 提出的自适应 Pareto DE 算法基础上,进一步提出一种基于自适应种群规模 NP 的差分演化算法。

Mallipeddi 和 Suganthan[95] 从 CEC 2005 指定的测试函数库[96] 选择的 5 个问题运用差分演化算法,研究了种群规模对解的质量和算法计算量的影响。Brest 和 Maučec[97] 提出一种逐渐减少差分演化算法种群规模的方法,该方法增加了差分演化算法的有效性和稳定性,可以用到任意版本的差分演化算法中。Mallipeddi 和 Suganthan[98] 提出一种基于一组并行种群的差分演化算法,该算法通过对已产生的优选解的经验学习来自适应地进行调整,因此在不同演化阶段中种群规模可以自适应地进行调整。

除了可以自适应的调整 F 外,还可以通过随机调整 F 值来改善差分演化算法的执行效果。Price 等[5] 对每个向量重新选取 F 值的操作定义为 dithering。Das

等[99]就使用 dithering 操作,对每个向量从均匀分布 $U(0.5,1)$ 中随机选取 F 的值,并在 DETVST 方案中假设 F 的取值从 $1\sim0.5$ 线性递减,这样就保证了在搜索初期个体是从搜索空间的不同区域抽取得到的,在搜索后期递减的变异因子 F 有助于调整实验解(trial solutiions)的移动方向来搜索一个相对较小的全局最优解可能存在的空间区域。

1.4.2　差分演化算法的演化算子改进研究

自从差分演化算法被 Price 和 Storn 提出来后,众多学者经过近 20 年的努力,提出了很多改进的差分演化算法。下面介绍当前最有影响力的算法改进方案。

Fan 和 Lampinen 提出一种三角变异算子,并且把该算子嵌入到基本的差分演化算法中发展了一类基于三角变异的差分演化算法[100]。该类算法在演化过程中以一定的概率来使用三角变异操作。三角变异操作的具体思想:对于待变异的目标个体 $\vec{x}_i$,在种群中随机选取三个相异的个体 $\vec{x}_{r1}$、$\vec{x}_{r2}$、$\vec{x}_{r3}$,记 $f(\cdot)$ 是最小化问题的函数值,计算三个个体的权重系数如下,即

$$p_1=|f(\vec{x}_{r1})|/p',\quad p_2=|f(\vec{x}_{r2})|/p',\quad p_3=|f(\vec{x}_{r3})|/p'$$

其中,$p'=|f(\vec{x}_{r1})|+|f(\vec{x}_{r2})|+|f(\vec{x}_{r3})|$。

三角变异公式为

$$\vec{v}_i=\frac{\vec{x}_{r1}+\vec{x}_{r2}+\vec{x}_{r3}}{3}+(p_2-p_1)(\vec{x}_{r1}-\vec{x}_{r2})+(p_3-p_2)(\vec{x}_{r2}-\vec{x}_{r3})+(p_1-p_3)(\vec{x}_{r3}-\vec{x}_{r1})$$

Rahnamayan 等提出一种基于反向学习的差分演化算法(ODE)[26],算法采用神经网络中反向学习的思想加快算法的全局搜索。该算法对于有噪声环境下的优化问题的效果比较好。对于任意个体 $\vec{x}_i$,ODE 算法定义反向个体为

$$x_{i,j}=L_j+U_j-x_{i,j},\quad j=1,2,\cdots,D$$

其中,U_j 和 L_j 分别是第 j 维的上下界。

算法初始化种群后,求出每个初始个体的反向个体,然后在初始种群与反向个体种群中选出最优秀的 NP 作为初始种群;对每个个体以小概率产生反向个体,在两者之间选择较好的进入下一代;对每代种群中的最优个体,先通过 DE/best/1 操作产生一个新个体,再求出该新个体的反向个体,然后在三者间选择最优个体进入下一代。

Das 等提出基于拓扑邻域变异的差分演化算法(DEGL)[101],该算法利用邻域拓扑结构的限制来获得求全与求精能力的平衡。DEGL 算法把种群中的个体按照个体指标顺序,将其看做是两两相邻的环状结构,即 $\vec{x}_i$ 与 $\vec{x}_{i-1}$ 和 $\vec{x}_{i+1}$ 相邻,$\vec{x}_1$ 与 $\vec{x}_2$ 和 $\vec{x}_{NP}$ 相邻。类似于 DE/target-to-best/1 中捐助向量的产生模式,即

$$\vec{g}_i=\vec{x}_i+\alpha(\vec{x}_{gbest}-\vec{x}_i)+\beta(\vec{x}_{r1}-\vec{x}_{r2})$$

DEGL 算法建议一个局部捐助向量的产生模式,即

$$\vec{L}_i = \vec{x}_i + \alpha(\vec{x}_{n\_gbest} - \vec{x}_i) + \beta(\vec{x}_p - \vec{x}_q)$$

其中,$\vec{x}_{gbest}$ 是整个种群中的最优个体;$\vec{x}_{n\_gbest}$ 是 $\vec{x}_i$ 的邻域 $\vec{x}_{i-k}$ 到 $\vec{x}_{i+k}$ 等 $(2k+1)$ 个个体中的最优个体;$\vec{x}_{r1}$ 和 $\vec{x}_{r2}$ 是在整个种群中随机选取的相异个体;$\vec{x}_p$ 和 $\vec{x}_q$ 是在 $\vec{x}_i$ 的邻域 $(2k+1)$ 个个体中随机选取的相异个体。

然后,DEGL 算法的捐助向量由上述两种模式的线性组合产生,即

$$\vec{v}_i = w\vec{g}_i + (1-w)\vec{L}_i$$

Qin 等采用了多个变异策略的自适应选择的方法,其中的变异策略根据产生新个体成功进入下一代的概率(学习策略)。这个算法(SaDE[102])与其他的自适应算法相比可以获得更高质量的解。为了针对不同问题对控制参数进行调整,并且可以提高收敛的速度,Zhang 等[103] 提出 JADE 算法,算法中使用新的变异策略 DE/current-to-pbest,并且使用外部存档来保存之前搜索所产生的成功或失败的信息。控制参数的更新同样采用自适应的策略随机产生并更新。

Epitropakis 等[104] 提出基于邻近变异的差分演化算法(Pro DE),计算种群中个体两两间的距离,得到一个距离矩阵,然后由距离矩阵计算概率矩阵,记 $R_p(i,j)$ 是第 i 个个体作为目标向量时,随机选取第 j 个个体的概率,即

$$R_p(i,j) = 1 - \frac{R_d(i,j)}{\sum_i R_d(i,j)}, \quad i = 1, 2, \cdots, \text{NP}$$

其中,$R_d(i,j)$ 表示第 i 个个体到第 j 个个体的距离。

在 Pro DE 算法的变异操作中,根据上述概率公式来选择个体,距离目标向量越近的个体被选中的概率越大。

混合技术主要将两个或多个算法的过程混合在一起,产生一种新的算法,新算法的性能超越之前的单独算法。过去的几年里,差分演化算法已经成功和其他几种算法进行了混合,如粒子群[105]算法、蚁群系统[106]、人工免疫系统[107]、模拟退火算法[108]等。

粒子群算法近年来已经成为比较流行的全局搜索和优化技术。Zang 和 Xie[109] 提出一种混合算法 DEPSO,在算法中,PSO 算子和 DE 算子在奇数和偶数次演化时交替运行,这个算法比原始的 PSO 和 DE 算法获得了更好的收敛速度和更好质量的解。Das 等[110] 也提出一种紧密耦合的混合算法 PSO-DV,算法借鉴了 DE 算法的差分变异操作,把它应用在了 PSO 算法速度的更新操作中,并且在 PSO 中使用了 DE 算法的选择策略。Das[111] 改进了传统 DE 算法的选择机制,而采用模拟退火算法的思想,使每代的每个个体对其实验个体的选择都是动态的。

Yang 等[112] 提出差分演化和邻域搜索结合的算法 NSDE,算法在执行变异操作时,添加了一个随机正态分布值,这样可以对个体局部的邻域进行搜索,提高了解的质量。

Neri 和 Tirronen[113] 提出基于差分演化算法的局部搜索混合算法,算法使用

自适应策略和两种局部搜索算法,算法主要通过局部搜索算法,对 F 进行探索,以找到更好的 F 用以产生具有更好的适应值的新个体。

1.5　差分演化算法在工程应用领域的研究概述

差分演化算法具有结构简单、控制参数少、优化效果优良等优点,自提出以来,就受到了众多研究人员的密切关注。截至 2013 年 12 月,在 Google 学术搜索引擎中以"differential evolution"为关键词进行搜索,返回的结果超过 3 600 000 条;以同样的关键词在 Web of Science(SCIE)和 Engineering Village(EI)数据库中分别搜索,在 1995～2013 年发表的关于差分演化算法的学术论文总量分别达到 2500 篇和 18 000 篇。算法已经被应用到近 30 个工程领域中,如表 1.2 所示为差分演化算法在一些重要应用领域的参考文献。

表 1.2　差分演化算法(DE)在工程优化问题中的应用

应用领域	算法与参考文献
1. 电力系统	
节能调度	ChaoticDE [114]、Hybrid DE with acceleration and migration [115]、DE/rand/1/bin[116]、Hybrid DE with improved constraint handling[117]、variable scaling hybrid DE [118]
最优化能量流	DE/target-to-best/1/bin[119]、cooperative co-evolutionary DE [120]、DE/rand/1/bin[121]、DE with random localization [122]
电力系统规划,电源规划	Modified DE with fitness sharing[123]、DE/rand/1/bin[124]、comparison of 10 DE strategies of Storn and Price[125]、robust searching hybrid DE[126]
无功规划优化	Hybrid of ant system and DE[127]
分布式系统的网络重构	Hybrid DE with variable scale factor[128]、mixed integer hybrid DE[129]
电力滤波器,电力系统稳定器	Hybrid DE with acceleration and migration operators[130]、hybrid of DE with ant systems[131]
2. 电磁、微波工程	
圆波导模式转换器的设计	DE/rand/1/bin[132]
电磁器件、材料和机械的参数估计和属性分析	DE/rand/1/bin[133]、DE/target-to-best/1/ bin[134]
天线阵的设计	Multimember DE[135]、hybrid real/integer-coded DE[136]、modified DE with refreshing distribution operator and fittest individual refinement operator[137]、MOEA/D-DE[138,139]

续表

应用领域	算法与参考文献
3. 控制系统和机器人学	
系统识别	Conventional DE/rand/1/bin[140]
优化控制问题	DE/rand/1/bin 和 DE/best/2/bin[141]、modified DE with adjustable control weight gradient methods[142]
控制器设计和调优	Self adaptive DE[143]、DE/rand/1 with arithmetic crossover[144]
飞机操纵	Hybrid DE with downhill simplex local optimization[145]
非线性系统控制	Hybrid DE with convex mutation[146]
同步定位和建模问题	DE/rand/1/bin[147]
机器人运动规划和导航	DE/rand/1/bin[148]
笛卡儿机器控制	Memetic compact DE[149]
多传感器融合	DE/best/2/bin[150]
4. 生物信息学	
基因调控网路	DE/best/2/bin[151,152]、hybrid of DE and PSO[153]
微阵列数据分析	Multiobjective DE-variants (MODE, DEMO)[154]
蛋白质折叠	DE/rand/1/bin[155]
生物过程优化	DE/rand/1/bin[156]
5. 化学工程	
化学过程合成和设计	Modified DE with single array updating[157]
相位平衡和相位研究	DE/rand/1/bin[158]
烷基化反应的优化	DE/rand/1/bin[159]
热裂解操作的优化	DE/rand/1/bin[160]
6. 模式识别和图像处理	
数据聚类	DE/rand/1/bin[161]、DE with random scale factor and time-varying crossover rate[162]、DE with neighborhood-based mutation[163]
像素聚类和基于区域的图像分割	Modified DE with local and global best mutation[164]、DE with random scale factor and time-varying crossover rate[165]
特征提取	DE/rand/1/bin[166]
图像配准和增强	DE/rand/1/bin[167]、DE with chaotic local search[168]
图像水印	DE/rand/1/bin 和 DE/target-to-best/1/bin[169]
7. 人工神经网络	
前馈人工神经网络的训练	DE/rand/1/bin[170]、generalization-based DE (GDE)[171]
小波神经网络的训练	DE/rand/1/bin[172]

应用领域	算法与参考文献
B样条神经网络的训练	DE with chaotic sequence-based adjustment of scale factor[173]
8. 信号处理	
非线性 τ 估计	Dynamic DE[174]
数字滤波器设计	DE/rand/1/bin[175]、DE with random scale factor[176]
9. 其他	
MEMS 的布局合成	Improved DE with stochastic ranking (SR) [177]
工程设计	DE/rand/1/bin[178]、multimember constraint adaptive DE[179]
生产优化	DE/rand/1/bin[180]、hybrid DE with forward/backward transformation[181]
分子构型	Local search-based DE[182]
城市能源管理	Hybrid of DE and CMA-ES[183]
光电子学	DE/target-to-best/1/bin[184]
国际象棋评价函数评价	DE/rand/1/bin[185]
在 trickle-bed 反应堆上的传热参数估计	DE with orthogonal collocation[186]

可以看出,大部分应用类研究者较偏好于使用基本差分演化算法去解决问题,如 DE/rand/1/bin、DE/target-to-best/1/bin 等,基于差分演化的改进算法并没有得到广泛的应用。结合来源于工程应用领域的优化模型中的目标函数、约束条件(如果有)的特征、考察改进差分演化算法的优化效果是未来一个可能的研究方向[187,188]。

参 考 文 献

[1] Mccarthy J. What is artificial intelligence[OL]. http://www. formal. stanford. edu/jmc/ [2016-5-10].

[2] Karaboga D, Gorkemli B, Ozturk C, et al. A comprehensive survey: artificial bee colony (ABC) algorithm and applications[J]. Artificial Intelligence Review,2014,42(1):21-57.

[3] Storn R, Price K. DifferentialEvolution-A Simple and Efficient Adaptive Scheme for Global Optimization Over Continuous Spaces[M]. Berkeley:ICSI,1995.

[4] Price K, Storn R M, Lampinen J A. Differential Evolution: A Practical Approach to Global Optimization[M]. New York:Springer,2006.

[5] Das S, Suganthan P N. Differential evolution: a survey of the state-of-the-art[J]. IEEE Transactions on Evolutionary Computation,2011,15(1):4-31.

[6] Prado R S, Silva R C P, Guimarães F G, et al. Using differential evolution for combinatorial optimization: a general approach[C]//Systems Man and Cybernetics (SMC),2010 IEEE In-

ternational Conference on. IEEE,2010.

[7] Gujarathi A M,Babu B V. Optimization of adiabatic styrene reactor:a hybrid multiobjective differential evolution (H-MODE) approach[J]. Industrial & Engineering Chemistry Research,2009,48(24):11115-11132.

[8] Wang Y,Cai Z. Combining multiobjective optimization with differential evolution to solve constrained optimization problems[J]. Evolutionary Computation, IEEE Transactions on, 2012,16(1):117-134.

[9] Fister I,Brest J. Using differential evolution for the graph coloring[C]//Differential Evolution (SDE),2011 IEEE Symposium on. IEEE,2011:1-7.

[10] Price K V,Storn R. Homepage[P/OL]. http://www. icsi. berkeley. edu/~storn/code. html [2015-6-8].

[11] Vesterstrøm J,Thomsen R. A comparative study of differential evolution, particle swarm optimization,and evolutionary algorithms on numerical benchmark problems[C]// Evolutionary Computation,Congress on. IEEE,2004,2:1980-1987.

[12] Riget J,Vesterstrøm J S. A diversity-guided particle swarm optimizer-the ARPSO[R]. Dept. Comput. Sci. ,Univ. of Aarhus,Aarhus,Denmark,Tech. Rep,2002,2:200.

[13] Vesterstrøm J S,Riget J. Particle swarms:extensions for improved local,multi-modal,and dynamic search in numerical optimization[D]. Department of Computer Science,University of Aarhus,Denmark,2002.

[14] Thomsen R. Flexible ligand docking using evolutionary algorithms:investigating the effects of variation operators and local search hybrids[J]. Biosystems,2003,72(1):57-73.

[15] Dong X,Liu S,Tao T,et al. A comparative study of differential evolution and genetic algorithms for optimizing the design of water distribution systems[J]. Journal of Zhejiang University Science A,2012,13(9):674-686.

[16] Storn R,Price K V. Minimizing the real functions of the ICEC'96 contest by differential evolution[C]//International Conference on Evolutionary Computation,1996:842-844.

[17] Das S,Suganthan P N,CoelloCoello C A. Guest editorial special issue on differential evolution[J]. Evolutionary Computation,IEEE Transactions on,2011,15(1):1-3.

[18] Price K V. Differential evolution vs. the functions of the 2 nd ICEO[C]// Evolutionary Computation,IEEE International Conference on. IEEE,1997:153-157.

[19] 林志毅,李元香. 一种求解函数优化的混合差分演化算法[J]. 系统仿真学报,2009,(13):3885-3888.

[20] 刘波,王凌,金以慧. 差分进化算法研究进展[J]. 控制与决策,2007,22(7):721-729.

[21] 苏海军,杨煜普,王宇嘉. 微分进化算法的研究综述[J]. 系统工程与电子技术,2008,30(9):1793-1797.

[22] 王培崇,钱旭,王月,等. 差分进化计算研究综述[J]. 计算机工程与应用,2009,45(28):13-16.

[23] Takahama T,Sakai S. Constrained optimization by the ε constrained differential evolution

with gradient-based mutation and feasible elites[C]//Evolutionary Computation, IEEE Congress on. IEEE,2006:1-8.

[24] Liang J J,Suganthan P. Dynamic Multi-Swarm Particle Swarm Optimizer with a Novel Constraint-Handling Mechanism[C]// Evolutionary Computation, IEEE Congress on, 2006: 9-16.

[25] Sinha A,Srinivasan A,Deb K. A population-based,parent centric procedure for constrained real-parameter optimization[C]//Evolutionary Computation, IEEE Congress on. IEEE, 2006:239-245.

[26] Mezura-Montes E, Velázquez-Reyes J, CoelloCoello C. Modified differential evolution for constrained optimization[C]//Evolutionary Computation, IEEE Congress on. IEEE,2006: 25-32.

[27] Huang V L,Qin A K,Suganthan P N. Self-adaptive differential evolution algorithm for constrained real-parameter optimization[C]// Evolutionary Computation, IEEE Congress on. IEEE,2006:17-24.

[28] Sharma D, Kumar A, Deb K, et al. Hybridization of SBX based NSGA-II and sequential quadratic programming for solving multi-objective optimization problems[C]//Evolutionary Computation,IEEE Congress on. IEEE,2007:3003-3010.

[29] Kukkonen S, Lampinen J. Performance assessment of generalized differential evolution 3 (GDE3) with a given set of problems[C]//Evolutionary Computation, IEEE Congress on IEEE,2007:3593-3600.

[30] Huang V L,Qin A K,Suganthan P N,et al. Multi-objective optimization based on self-adaptive differential evolution algorithm[C]// IEEE Congress on Evolutionary Computation,2007.

[31] Zielinski K,Laur R. Differential evolution with adaptive parameter setting for multi-objective optimization [C]//Evolutionary Computation, IEEE Congress on. IEEE, 2007: 3585-3592.

[32] Zamuda A,Brest J,Boskovic B,et al. Differential evolution for multiobjective optimization with self adaptation[C]//IEEE Congress on Evolutionary Computation,2007:3617-3624.

[33] Brest J, Zamuda A, Bošković B, et al. High-dimensional real-parameter optimization using self-adaptive differential evolution algorithm with population size reduction[C]//Evolutionary Computation, IEEE World Congress on Computational Intelligence,2008:2032-2039.

[34] Hsieh S T,Sun T Y,Liu C C,et al. Solving large scale global optimization using improved particle swarm optimizer[C]//Evolutionary Computation, IEEE World Congress on Computational Intelligence,2008:1777-1784.

[35] MacNish C, Yao X. Direction matters in high-dimensional optimisation[C]//Evolutionary Computation,IEEE Congress on. IEEE,2008:2372-2379.

[36] Tseng L Y,Chen C. Multiple trajectory search for large scale global optimization[C]// Evolutionary Computation, IEEE World Congress on Computational Intelligence, 2008: 3052-3059.

[37] Wang Y, Li B. A restart univariate estimation of distribution algorithm: sampling under mixed Gaussian and Lévy probability distribution[C]// Evolutionary Computation, IEEE Congress on. IEEE, 2008: 3917-3924.

[38] Korošec P, Silc J. The differential ant-stigmergy algorithm applied to dynamic optimization problems[C]//Evolutionary Computation, 2009. IEEE Congress on. IEEE, 2009: 407-414.

[39] Brest J, Zamuda A, Boskovic B, et al. Dynamic optimization using self-adaptive differential evolution[C]//IEEE Congress on Evolutionary Computation, 2009: 415-422.

[40] De França F O, Von Zuben F J. A dynamic artificial immune algorithm applied to challenging benchmarking problems[C]//Evolutionary Computation, 2009. CEC'09. IEEE Congress on. IEEE, 2009: 423-430.

[41] Yu E L, Suganthan P N. Evolutionary programming with ensemble of explicit memories for dynamic optimization[C]// Evolutionary Computation, 2009. CEC'09. IEEE Congress on IEEE, 2009: 431-438.

[42] Li C, Yang S. A clustering particle swarm optimizer for dynamic optimization[C]// Evolutionary Computation, 2009. CEC'09. IEEE Congress on. IEEE, 2009: 439-446.

[43] Chen C M, Chen Y, Zhang Q. Enhancing MOEA/D with guided mutation and priority update for multi-objective optimization[C]// Evolutionary Computation, IEEE Congress on. IEEE, 2009: 209-216.

[44] Tseng L Y, Chen C. Multiple trajectory search for unconstrained/constrained multi-objective optimization[C]//Evolutionary Computation, IEEE Congress on. IEEE, 2009: 1951-1958.

[45] Liu M, Zou X, Chen Y, et al. Performance assessment of DMOEA-DD with CEC 2009 MOEA competition test instances[C]//IEEE Congress on Evolutionary Computation. 2009, 1: 2913-2918.

[46] Zhang Q, Liu W, Li H. The performance of a new version of MOEA/D on CEC09 unconstrained MOP test instances[C]//IEEE Congress on Evolutionary Computation, 2009, 1: 203-208.

[47] Zamuda A, Brest J, Boškovič B, et al. Differential evolution with self-adaptation and local search for constrained multiobjective optimization[C]//Evolutionary Computation, IEEE Congress on. IEEE, 2009: 195-202.

[48] Molina D, Lozano M, Herrera F. MA-SW-chains: memetic algorithm based on local search chains for large scale continuous global optimization[C]// Evolutionary Computation, 2010 IEEE Congress on. IEEE, 2010: 1-8.

[49] Brest J, Zamuda A, Fister I, et al. Large scale global optimization using self-adaptive differential evolution algorithm[C]// Evolutionary Computation, IEEE Congress on. IEEE, 2010: 1-8.

[50] Wang H, Wu Z, Rahnamayan S, et al. Sequential DE enhanced by neighborhood search for large scale global optimization[C]//Evolutionary Computation, IEEE Congress on. IEEE, 2010: 1-7.

[51] Zhao S Z, Suganthan P N, Das S. Dynamic multi-swarm particle swarm optimizer with sub-regional harmony search[C]// Evolutionary Computation, IEEE Congress on. IEEE, 2010: 1-8.

[52] Korošec P, Tashkova K. The differentialant-stigmergy algorithm for large-scale global optimization[C]//Evolutionary Computation, IEEE Congress on. IEEE, 2010: 1-8.

[53] Brest J, Boškovič B. An improved self-adaptive differential evolution algorithm in single objective constrained real-parameter optimization[C]//Evolutionary Computation, IEEE Congress on. IEEE, 2010: 1-8.

[54] Liang J J, Zhigang S, Zhihui L. Coevolutionary comprehensive learning particle swarm optimizer[C]// Evolutionary Computation, IEEE Congress on. IEEE, 2010: 1-8.

[55] Li Z, Liang J J, He X, et al. Differential evolution with dynamic constraint-handling mechanism[C]// Evolutionary Computation, IEEE Congress on. IEEE, 2010: 1-8.

[56] Mallipeddi R, Suganthan P N. Differential evolution with ensemble of constraint handling techniques for solving CEC 2010 benchmark problems[C]// Evolutionary Computation, 2010 IEEE Congress on. IEEE, 2010: 1-8.

[57] Mezura-Montes E, Velez-Koeppel R E. Elitist artificial bee colony for constrained real-parameter optimization[C]//Evolutionary Computation, IEEE Congress on. IEEE, 2010: 1-8.

[58] Elsayed S M, Sarker R A, Essam D L. GA with a new multi-parent crossover for solving IEEE-CEC2011 competition problems[C]//Evolutionary Computation (CEC), 2011 IEEE Congress on. IEEE, 2011: 1034-1040.

[59] Elsayed S M, Sarker R A, Essam D L. Differential evolution with multiple strategies for solving CEC2011 real-world numerical optimization problems[C]//Evolutionary Computation 2011 IEEE Congress on. IEEE, 2011: 1041-1048.

[60] LaTorre A, Muelas S, Peña J M. Benchmarking a hybrid DE-RHC algorithm on real world problems[C]//Evolutionary Computation 2011 IEEE Congress on. IEEE, 2011: 1027-1033.

[61] Saha A, Ray T. How does the good old Genetic Algorithmfare at real world optimization [C]//Evolutionary Computation 2011 IEEE Congress on. IEEE, 2011: 1049-1056.

[62] Asafuddoula M, Ray T, Sarker R. An adaptive differential evolution algorithm and its performance on real world optimization problems[C]// Evolutionary Computation 2011 IEEE Congress on. IEEE, 2011: 1057-1062.

[63] Loshchilov I. CMA-ES with restarts for solving CEC 2013 benchmark problems[C]// Evolutionary Computation 2013 IEEE Congress on. IEEE, 2013: 369-376.

[64] Liao T, Stutzle T. Benchmark results for a simple hybrid algorithm on the CEC 2013 benchmark set for real-parameter optimization[C]// Evolutionary Computation 2013 IEEE Congress on. IEEE, 2013: 1938-1944.

[65] Lacroix B, Molina D, Herrera F. Dynamically updated region based memetic algorithm for the 2013 CEC special session and competition on real parameter single objective optimization[C]// Evolutionary Computation 2013 IEEE Congress on. IEEE, 2013: 1945-1951.

［66］ Tanabe R,Fukunaga A. Evaluating the performance of SHADE on CEC 2013 benchmark problems［C］//Evolutionary Computation 2013 IEEE Congress on. IEEE,2013:1952-1959.

［67］ Zaharie D. On the explorative power of differential evolution［C］//The 3rd International Workshop on Symbolic and Numerical Algorithms on Scientific Computing,2001.

［68］ Zaharie D. Critical values for the control parameters of differential evolution algorithms ［C］// Proceedings of MENDEL. 2002,2:62-67.

［69］ Zaharie D. Parameter adaptation in differential evolution by controlling the population diversity［C］// Proceedings of the International Workshop on Symbolic and Numeric Algorithms for Scientific Computing,2002:385-397.

［70］ Zaharie D. Statistical properties of differential evolution and related random search algorithms［M］//Compstat 2008. Physica-Verlag HD,2008:473-485.

［71］ Zaharie D. A comparative analysis of crossover variants in differential evolution［J］. Proceedings of IMCSIT,2007,2007:171-181.

［72］ Zaharie D. Influence of crossover on the behavior of differential evolution algorithms［J］. Applied Soft Computing,2009,9(3):1126-1138.

［73］ Dasgupta S,Biswas A,Das S,et al. The population dynamics of differential evolution:a mathematical model［C］//IEEE Congress on Evolutionary Computation,2008:1439-1446.

［74］ 胡中波,熊盛武. 遗传算法,差分演化和一个处理约束的映射［J］. 数学的实践与认识,2008,37(22):177-182.

［75］ Koziel S,Michalewicz Z. Evolutionary algorithms,homomorphous mappings,and constrained parameter optimization［J］. EvolutionaryComputation,1999,7(1):19-44.

［76］ Xue F,Sanderson A C,Graves R J. Modeling and convergence analysis of a continuous multi-objective differential evolution algorithm［C］// Evolutionary Computation,2005 IEEE Congress on. IEEE,2005,1:228-235.

［77］ Xue F,Sanderson A C,Graves R J. Multi-objective differential evolution-algorithm,convergence analysis,and applications［C］// Evolutionary Computation,2005 IEEE Congress on. IEEE,2005,1:743-750.

［78］ 贺毅朝,王熙照,刘坤起,等. 差分演化的收敛性分析与算法改进［J］. 软件学报,2010,21(5):875-885.

［79］ 孙成富. 差分进化算法及其在电力系统调度优化中的应用研究［D］. 武汉:华中科技大学博士学位论文,2010.

［80］ Ghosh S,Das S,Vasilakos A V,et al. On convergence of differential evolution over a class of continuous functions with unique global optimum［J］. Systems,Man,and Cybernetics,Part B:Cybernetics,IEEE Transactions on,2012,42(1):107-124.

［81］ Zielinski K,Peters D,Laur R. Run time analysis regarding stopping criteria for differential evolution and particle swarm optimization［C］//Proc. of the 1st International Conference on Experiments/Process/System Modelling/Simulation/Optimization,2005.

［82］ Ter Braak C J F. A Markovchain Monte Carlo version of the genetic algorithm differential evolution:easy Bayesian computing for real parameter spaces[J]. Statistics and Computing, 2006,16(3):239-249.

[83] Zhao Y,Wang J,Song Y. An improved differential evolution to continuous domains and its convergence[C]//Proceedings of the first ACM/SIGEVO Summit on Genetic and Evolutionary Computation,2009:1061-1064.

[84] Zhan Z,Zhang J. Enhance differential evolution with random walk[C]//Proceedings of the 14thAnnual Conference Companion on Genetic and Evolutionary Computation, 2012: 1513-1514.

[85] Li D,Chen J,Xin B. A noveldifferential evolution algorithm with Gaussian mutation that balances exploration and exploitation[C]//Differential Evolution, IEEE Symposium on. IEEE,2013:18-24.

[86] Ronkkonen J,Kukkonen S,Price K V. Real-parameter optimization with differential evolution[C]//Proc. IEEE CEC. 2005,1:506-513.

[87] Ali M M,Törn A. Population set-based global optimization algorithms:some modifications and numerical studies[J]. Computers & Operations Research,2004,31(10):1703-1725.

[88] Brest J,Greiner S,Boškovič B,et al. Self-adapting control parameters in differential evolution:a comparative study on numerical benchmark problems[J]. Evolutionary Computation, IEEE Transactions on,2006,10(6):646-657.

[89] Liu J,Lampinen J. A fuzzy adaptive differential evolution algorithm[J]. Soft Computing, 2005,9(6):448-462.

[90] Qin A K,Huang V L,Suganthan P N. Differential evolution algorithm with strategy adaptation for global numerical optimization[J]. Evolutionary Computation, IEEE Transactions on,2009,13(2):398-417.

[91] Rönkkönen J,Lampinen J. On using normally distributed mutation step length for the differential evolution algorithm[C]//Mendel,2003:11-18.

[92] Abbass H A. The self-adaptive pareto differential evolution algorithm[C]//Evolutionary Computation,CEC'02. Proceedings of the 2002 Congress on. IEEE,2002,1:831-836.

[93] Omran M G H,Salman A,Engelbrecht A P. Self-Adaptive Differential Evolution[M]// Heidelberg:Springer,2005:192-199.

[94] Teo J. Exploring dynamic self-adaptive populations in differential evolution[J]. Soft Computing,2006,10(8):673-686.

[95] Mallipeddi R,Suganthan P N. Empirical study on the effect of population size on differential evolution algorithm[C]//Evolutionary Computation, IEEE World Congress on Computational Intelligence,2008:3663-3670.

[96] Suganthan P N,Hansen N,Liang J J,et al. Problem definitions and evaluation criteria for the CEC 2005 special session on real-parameter optimization [J]. KanGALReport, 2005,2005005.

[97] Brest J,Maučec M S. Population size reduction for the differential evolution algorithm[J].

Applied Intelligence,2008,29(3):228-247.

[98] Mallipeddi R,Suganthan P N. Differential evolution algorithm with ensemble of populations for global numerical optimization[J]. Opsearch,2009,46(2):184-213.

[99] Das S,Konar A,Chakraborty U K. Two improved differential evolution schemes for faster global search[C]//Proceedings of the 7th Annual Conference on Genetic and Evolutionary-Computation. ACM,2005:991-998.

[100] Fan H Y,Lampinen J. A trigonometric mutation operation to differential evolution[J]. Journal of Global Optimization,2003,27(1):105-129.

[101] Das S,Abraham A,Chakraborty U K,et al. Differential evolution using a neighborhood-based mutation operator[J]. Evolutionary Computation, IEEE Transactions on, 2009, 13(3):526-553.

[102] Qin A K,Huang V L,Suganthan P N. Differential evolution algorithm with strategy adaptation for global numerical optimization[J]. Evolutionary Computation,IEEE Transactions on,2009,13(2):398-417.

[103] Zhang J,Sanderson A C. JADE:adaptive differential evolution with optional external archive[J]. Evolutionary Computation,IEEE Transactions on,2009,13(5):945-958.

[104] Epitropakis M G,Tasoulis D K,Pavlidis N G,et al. Enhancing differential evolution utilizing proximity-based mutation operators[J]. Evolutionary Computation, IEEE Transactions on,2011,15(1):99-119.

[105] Kennedy J,Eberhart R. Particle swarm optimization[C]// IEEE International Conference on Neural Networks,1995:1942-1948 vol. 4.

[106] Dorigo M,Gambardella L M. Ant colony system:a cooperative learning approach to the traveling salesman problem[J]. Evolutionary Computation,IEEE Transactions on,1997, 1(1):53-66.

[107] Dasgupta D. An artificial immune system as a multi-agent decision support system[C]// Systems, Man, and Cybernetics, 1998. 1998 IEEE International Conference on. IEEE, 1998,4:3816-3820.

[108] Skiscim C C,Golden B L. Optimization by simulated annealing:a preliminary computational study for the tsp[C]// Proceedings of the 15th Conference on Winter Simulation,1983, 2:523-535.

[109] Zhang W J,Xie X F. DEPSO:hybrid particle swarm with differential evolution operator[C]// IEEE International Conference on Systems Man and Cybernetics,2003,4:3816-3821.

[110] Das S,Konar A,Chakraborty U K. Improving particle swarm optimization with differentially perturbed velocity[C]//Proceeding Genet. Evol. Comput. Conf. ,2005.

[111] Das S, Konar A, Chakraborty U K. Annealed differential evolution[C]//Evolutionary Computation,2007. CEC 2007. IEEE Congress on. IEEE,2007:1926-1933.

[112] Yang Z,Yao X,He J. Making a Difference to Differential Evolution[M]//Advances in metaheuristics for hard optimization. Heidelberg:Springer,2007:397-414.

[113] Neri F, Tirronen V. Scale factor local search in differential evolution[J]. Memetic Computing, 2009, 1(2): 153-171.

[114] Coelho L S, Mariani V C. Combining of chaotic differential evolution and quadratic programming for economic dispatch optimization with valve-point effect[J]. IEEE Transactions on Power Systems, 2006, 21(2): 989-996.

[115] Lakshminarasimman L, Subramanian S. Applications of differential evolution in power system optimization[J]. Advances in Differential Evolution, 2008, 143: 257-273.

[116] Noman N, Iba H. Differential evolution for economic load dispatch problems[J]. Electric Power Systems Research, 2008, 78(8): 1322-1331.

[117] Yuan X, Wang L, Zhang Y, et al. A hybrid differential evolution method for dynamic economic dispatch with valve-point effects[J]. Expert Systems with Applications, 2009, 36(2): 4042-4048.

[118] Chiou J P. A variable scaling hybrid differential evolution for solving large-scale power dispatch problems[J]. IET Generation, Transmission & Distribution, 2009, 3(2): 154-163.

[119] Cai H R, Chung C Y, Wong K P. Application of differential evolution algorithm for transient stability constrained optimal power flow[J]. IEEE Transactions on Power Systems, 2008, 23(2): 719-728.

[120] Liang C H, Chung C Y, Wong K P, et al. Parallel optimal reactive power flow based on cooperative co-evolutionary differential evolution and power system decomposition[J]. IEEE Transactions on Power Systems, 2007, 22(1): 249-257.

[121] Basu M. Optimal power flow with FACTS devices using differential evolution[J]. International Journal of Electrical Power and Energy Systems, 2008, 30(2): 150-156.

[122] Sayah S, Zehar K. Modified differential evolution algorithm for optimal power flow with non-smooth cost functions[J]. Energy Conversion and Management, 2008, 49(11): 3036-3042.

[123] Yang G Y, Dong Z Y, Wong K P. A Modified Differential Evolution Algorithm With Fitness Sharing for Power System Planning[J]. IEEE Transactions on Power Systems, 2008, 23(2): 514-522.

[124] Kannan S, Murugan P. Solutions to transmission constrained generation expansion planning using differential evolution[J]. European Transactions on Electrical Power, 2009, 19(8): 1033-1039.

[125] Sum-Im T, Taylor G A, Irving M R, et al. Differential evolution algorithm for static and multistage transmission expansion planning[J]. IET Generation, Transmission & Distribution, 2009, 3(4): 365-384.

[126] Chang C F, Wong J J, Chiou J P, et al. Robust searching hybrid differential evolution method for optimal reactive power planning in large-scale distribution systems[J]. Electric Power Systems Research, 2007, 77(5, 6): 430-437.

[127] Chiou J P, Chang C F, Su C T. Ant direction hybrid differential evolution for solving large

capacitor placement problems[J]. IEEE Transactions on Power Systems,2004,19(4):
1794-1800.

[128] Chiou J P,Chang C F,Su C T. Variable scaling hybrid differential evolution for solving
network reconfiguration of distribution systems[J]. IEEE Transactions on Power Sys-
tems,2005,20(2):668-674.

[129] Su C T,Lee C S. Network reconfiguration of distribution systems using improved mixedin-
teger hybrid differential evolution[J]. IEEE Transactions on Power Delivery,2003,18(3):
1022-1027.

[130] Chang Y P,Wu C J. Optimal multiobjective planning of large-scale passive harmonic filters
using hybrid differential evolution method considering parameter and loading uncertainty
[J]. IEEE Transactions on Power Delivery,2005,20(1):408-416.

[131] Chang Y P,Low C. An ant direction hybrid differential evolution heuristic for the larges-
cale passive harmonic filters planning problem[J]. Expert Systems with Applications,
2008,35(3):894-904.

[132] Yang S,Qing A. Design of high-power millimeter-wave TM01-TE11 mode converters by
the differential evolution algorithm[J]. IEEE Transactions on Plasma Science, 2005,
33(4):1372-1376.

[133] Toman M,Štumberger G,Dolinar D. Parameter identification of the Jiles-Atherton hystere-
sis model using differential evolution[J]. IEEE Transactions on Magnetics,2008,44(6):
1098-1101.

[134] Li Y,Rao L,He R,et al. A novel combination method of electrical impedance tomography
inverse problem for brain imaging[J]. IEEE Transactions on Magnetics,2005,41(5):
1848-1851.

[135] R. Storn. System design by constraint adaptation and differential evolution[J]. IEEE
Transactions on Evolutionary Computation,1999,3(1):22-34.

[136] Caorsi S,Massa A,Pastorino M,et al. Optimization of the difference patterns for mono-
pulse antennas by a hybrid real/integer-coded differential evolution method[J]. IEEE
Transactions on Antennas and Propagation,2005,53(1):372-376.

[137] Chen Y,Yang S,Nie Z. The application of a modified differential evolution strategy to
some array pattern synthesis problems[J]. IEEE Transactions on Antennas and Propaga-
tion,2008,56(7):1919-1927.

[138] Pal S,Boyang Q,Das S,et al. Optimal synthesis of linear antenna arrays with multiobjec-
tive differential evolution[J]. Prog. Electromag. Res. PIERB,2010,21:87-111.

[139] Pal S,Das S,Basak A,et al. Synthesis of difference patterns for monopulse antennas with
optimal combination of array-size and number of subarrays-a multiobjective optimization
approach[J]. Progress In Electromagnetics Research B,2010,21:257-280.

[140] Yousefi H,Handroos H,Soleymani A. Application of differential evolution in system iden-
tification of a servo-hydraulic system with a flexible load[J]. Mechatronics,2008,18(9):

513-528.

[141] Lopez C I L, van Willigenburg L G, van Straten G. Efficient differential evolution algorithms for multimodal optimal control problems[J]. Applied Soft Computing, 2003, 3(2): 97-122.

[142] López C I L, van Willigenburg L G, van Straten G. Optimal control of nitrate in lettuce by a hybrid approach: differential evolution and adjustable control weight gradient algorithms [J]. Computers and Electronics in Agriculture, 2003, 40(1-3): 179-197.

[143] Nobakhti A, Wang H. A simple self-adaptive differential evolution algorithm with application on the ALSTOM gasifier[J]. Applied Soft Computing, 2008, 8(1): 350-370.

[144] Iruthayarajan M W, Baskar S. Evolutionary algorithms based design of multivariable PID controller[J]. Expert Systems with Applications, 2009, 36(5): 9159-9167.

[145] Menon P P, Kim J, Bates D G, et al. Clearance of nonlinear flight control laws using hybrid evolutionary optimization[J]. IEEE Transactions on Evolutionary Computation, 2006, 10(6): 689-699.

[146] Chen C H, Lin C J, Lin C T. Nonlinear system control using adaptive neural fuzzy networks based on a modified differential evolution[J]. IEEE Transactions on Systems, Man and Cybernetics, Part C, 2009, 39(4): 459-473.

[147] Chatterjee A. Differential evolution tuned fuzzy supervisor adapted extended Kalman filtering for slam problems in mobile robots[J]. Robotica, 2009, 27(3): 411-423.

[148] Chakraborty J, Konar A, Jain L C, et al. Cooperative multi-robot path planning using differential evolution[J]. Journal of Intelligent and Fuzzy Systems, 2009, 20(1, 2): 13-27.

[149] Neri F, Mininno E. Memetic compact differential evolution for Cartesian robot control[J]. IEEE Computational Intelligence Magazine, 2010, 5(2): 54-65.

[150] Joshi R, Sanderson A C. Minimal representation multi-sensor fusion using differential evolution[J]. IEEE Transactions on Systems, Man, and Cybernetics, Part A, 1999, 29(1): 63-76.

[151] Dasgupta S, Das S, Biswas A, et al. The population dynamics of differential evolution: A mathematical model[C]//IEEE Congress on Evolutionary Computation, 2008: 1439-1446.

[152] Noman N, Iba H. Inferring gene regulatory networks using differential evolution with local search heuristics[J]. IEEE/ACM Transactions on Computational Biology and Bioinformatics, 2007, 4(4): 634-647.

[153] Xu R, Venayagamoorthy G K, Wunsch D C. Modeling of gene regulatory networks with hybrid differential evolution and particle swarm optimization[J]. Neural Networks, 2007, 20(8): 917-927.

[154] Suresh K, Kundu D, Ghosh S, et al. Multi-objective differential evolution for dynamic clustering with application to micro-array dataanalysis[J]. Sensors, Molecular Diversity Preservation International, 2009, 9(5): 3981-4004.

[155] Silverio H, Bitello L R. A differential evolution approach for protein folding using a lattice

model[J]. Journal of Computer Science and technology, 2007, 22(6): 904-908.

[156] Moonchai S, Madlhoo W, Jariyachavalit K, et al. Application of a mathematical model and differential evolution algorithm approach to optimization of bacteriocin production by lactococcuslactis C7[J]. Bioprocess and Biosystems Engineering, 2005, 28: 15-26.

[157] Babu B V, Angira R. Modified differential evolution (MDE) for optimization of non-linear chemical processes[J]. Computer & Chemical Engineering, 2006, 30(6, 7): 989-1002.

[158] Srinivas M, Rangaiah G P. A study of differential evolution and tabu search for benchmark, phase equilibrium and phase stability problems[J]. Computers & Chemical Engineering, 2007, 31(7): 760-772.

[159] Babu B V, Gaurav C. Evolutionary computation strategy for optimization of an alkylation reaction [C]//Proceedings of International Symposium&53rd Annual Session of IIChE, 2000: 18-21.

[160] Babu B V, Angira R. Optimization of Thermal Cracking Operation Using Differential Evolution [C]//Proceedings of 54th Annual Session of IIChE, 2001.

[161] Paterlinia S, Krink T. Differential evolution and particle swarm optimization in partitional-clustering[J]. Computational Statistics & Data Analysis, 2006, 50(5): 1220-1247.

[162] Das S, Abraham A, Konar A. Automatic clustering using an improved differential evolution algorithm[J]. IEEE Transactions on Systems, Man, and Cybernetics, Part A, 2008, 38(1): 218-236.

[163] Das S, Abraham A, Konar A. Metaheuristic Clustering [M]//New York: Springer-Verlag, 2009.

[164] Maulik U, Saha I. Modified differential evolution based fuzzy clustering for pixel classification in remote sensing imagery[J]. Pattern Recognition, 2009, 42(9): 2135-2149.

[165] Das S, Konar A. Automatic image pixel clustering with an improved differential evolution [J]. Applied Soft Computing Journal, 2009, 9(1): 226-236.

[166] Besson P, Popovici V, Vesin J M, et al. Extraction of audio features specific to speech production for multimodal speaker detection[J]. IEEE Transactions on Multimedia, 2008, 10(1): 63-73.

[167] De Falco I, Cioppa A D, Maisto D, et al. Differential evolution as a viable tool for satellite image registration[J]. Applied Soft Computing Journal, 2008, 8(4): 1453-1462.

[168] Coelho L S, Sauer J G, Rudek M. Differential evolution optimization combined with chaotic sequences for image contrast enhancement[J]. Chaos, Solitons and Fractals, 2009, 42(1): 522-529.

[169] Aslantas V. An optimal robust digital image watermarking based on SVD using differential evolution algorithm[J]. Optics Communications, 2009, 282(5): 769-777.

[170] Ilonen J, Kamarainen J, Lampinen J. Differential evolution training algorithm for feedforward neural networks[J]. Neural Processing Letters, 2003, 17(1): 93-105.

[171] Du J X, Huang D S, Wang X F, et al. Shape recognition based on neural networks trained by differential evolution algorithm[J]. Neurocomputing, 2007, 70(4-6): 896-903.

[172] Chauhan N, Ravi V, Chandra D K. Differential evolution trained wavelet neural networks: application to bankruptcy prediction in banks[J]. Expert Systems with Applications, 2009, 36(4): 7659-7665.

[173] Coelho L S, Guerra F A. B-spline neural network design using improved differential evolution for identification of an experimental nonlinear process[J]. Applied Soft Computing, 2008, 8(4): 1513-1522.

[174] Yang B, Zhang Z, Sun Z. Computing nonlinear estimation based on dynamic differential evolution strategy[J]. IEEE Signal Processing Letters, 2006, 3(12): 123-129.

[175] Karaboga N. Digital IIR filter design using differential evolution algorithm[J]. EURASIP Journal on Applied Signal Processing, 2005, 8: 1269-1276.

[176] Das S, Konar A. Two-dimensional IIR filter design with modern search heuristics: a comparative study[J]. International Journal of Computational Intelligence and Applications, 2006, 6(3): 329-355.

[177] Fan Z, Liu J, Sørensen T, et al. Improved differential evolution based on stochastic ranking for robust layout synthesis of MEMS components[J]. IEEE Transactions on Industrial Electronics, 2009, 56(4): 937-948.

[178] Kim H K, Chong J K, Park K Y, et al. Differential evolution strategy for constrained global optimization and application to practical engineering problems[J]. IEEE Transactions on Magnetics, 2007, 43(4): 1565-1568.

[179] Storn R. System design by constraint adaptation and differential evolution[J]. IEEE Transactions on Evolutionary Computation, 1999, 3(1): 22-34.

[180] Nearchou A C. Balancing large assembly lines by a new heuristic based on differential evolution method[J]. International Journal of Advanced Manufacturing Technology, 2007, 34(9): 1016-1029.

[181] Onwubolu G C. Design of hybrid differential evolution and group method of data handling networks for modeling and prediction[J]. Information Sciences, 2008, 178(18): 3616-3634.

[182] Moloi N P, Ali M M. An iterative global optimization algorithm for potential energy minimization[J]. Computational Optimization and Applications, 2005, 30(2): 119-132.

[183] Kämpf J H, Robinson D. A hybrid CMA-ES and HDE optimisation algorithm with application to solar energy potential[J]. Applied Soft Computing, 2009, 9(2): 738-745.

[184] Venu M K, Mallipeddi R, Suganthan P N. Fiber Bragg grating sensor array interrogation using differential evolution[J]. Optoelectronics and Advanced Materials-Rapid Communications, 2008, 2(11): 682-685.

[185] Boskovic B, Brest J, Zamuda A, et al. Historymechanism supported differential evolution for chess evaluation function tuning[J]. Soft Computing, 2010, 15(4): 667-683.

[186] Babu B V, Sastry K K N. Estimation of heat transfer parameters in a trickle-bed reactor using differential evolution and orthogonal collocation [J]. Computers & Chemical Engineering, 1999, 23(3):327-339.

[187] Plagianakos V P, Tasoulis D K, Vrahatis M N. A review of major application areas of differential evolution[M]// Heidelberg: Springer, 2008.

[188] Qing A. Front Matter[M]. New York: Wiley, 2009.

第一篇

差分演化算法的收敛性理论与

收敛算法设计

第2章　差分演化算法的不确保依概率收敛性

近年来,国际电气与电子工程师协会(Institute of Electrical and Electronics Engineers,IEEE)的 *Transactions on Systems*,*Man*,*and Cybernetics*,《软件学报》、博士学位论文及其他相关杂志上,给出了关于基本差分演化算法收敛性的几个有代表性的结论,结论涉及差分演化算法的局部收敛性、渐近收敛性。本章将详细分析这些学术观点,并基于马尔可夫链和随机漂移两种方法证明基本差分演化算法不能确保全局收敛。基本差分演化算法不能确保全局收敛唤起的一个科学问题是差分演化算法对具有何种特征的函数不能依概率全局收敛。

2.1　相关差分演化算法收敛性结论的分析

当前,关于基本差分演化算法的收敛性问题,存在几个有代表性的研究。文献[1]证明差分演化算法在一类特殊函数上的局部收敛性,文献[2]认为基本差分演化算法渐近收敛到繁殖算子的随机不动点,文献[3]证明算法不能确保依概率全局收敛。

文献[1]运用李雅普诺夫稳定性定理证明基本差分演化算法在一类特殊函数上的渐近收敛性。这一类特殊函数条件较严格:函数必须存在二阶连续导数且只有唯一的全局最优值点。此外,考虑到李雅普诺夫稳定性定理的初始条件的限制,可知这里的收敛是指局部收敛,即当初始解距离全局最优解足够近时(在某种度量下),基本差分演化算法对该类特殊函数能确保收敛。

文献[2]把差分演化算法的繁殖算子定义为解空间到解空间的笛卡儿积上的随机映射,建立了差分演化算法的随机泛函模型,进而基于随机压缩映像定理证明差分演化算法渐近收敛到随机映射的随机不动点。延续该文的研究思路,若能结合差分演化算法的算子特征,进一步明确随机压缩映射定理中"几乎处处"的数学含义,深入研究随机不动点与全局最优值点的关系,研究将能更明确的指导收敛差分演化算法的设计。

文献[3]研究了基本差分演化算法的依概率全局收敛性,根据计算机数值计算时的精度限制,离散化连续优化问题的搜索空间,通过定义种群的状态转移、种群的最优状态集合,建立了差分演化算法的(有限齐次)马尔可夫链模型,把所有由相同个体构成的种群看做是状态空间的一个真子空间,并证明该真子空间是有限马尔可夫链的一个吸收态,进而基于马尔可夫链的吸收态证明基本差分演化算法不能确保全局收敛。

　　该文首次确定了基本差分演化算法不能确保依概率全局收敛,因此在理论上明确可以从增强算法的求全能力入手,改进算法效率。延续该文的思路,一方面,若能在数学理论上给出离散化连续解空间的结论,就可为运用马尔可夫链(最传统的演化算法理论分析工具之一)研究实数编码演化算法的收敛性给出更坚实的理论依据。另一方面,考虑到算法不能确保依概率全局收敛,并不意味着算法对所有优化问题都不能全局收敛,引发的一个科学问题是算法对具有哪些性质的函数不能确保全局收敛。若文献的证明过程在考虑马尔可夫吸收态的时候,能够联系函数特征,将会使结论的推理更完备,同时也会进一步增强结论的应用意义。接下来,给出一个关于构造马尔可夫吸收态的函数实例。

　　在讨论相同个体构成的种群的子空间是吸收态真子空间的时候,对应的表达式为

$$p\{S_i \rightarrow S_t\} = \prod_{k=1}^{N} p\{\vec{x}_{ik} \rightarrow \vec{x}_{tk}\} > 0$$

其中,S_i 和 S_t 分别表示任意种群状态和任一吸收态种群状态;$\vec{x}_{ik}$ 和 $\vec{x}_{tk}$ 是对应种群中的个体;N 是种群规模。

　　可以推出,对于状态空间中的任意个体 $\vec{x}_{ik}$ 和 $\vec{x}_{tk}$,即

$$p\{\vec{x}_{ik} \rightarrow \vec{x}_{tk}\} > 0$$

即任意两个个体在差分演化算法算子的作用下,都是可达的。

　　事实上,当个体 $\vec{x}_{ik}$ 所在的种群距离 $\vec{x}_{tk}$ 足够远,且在差分演化算法繁殖算子的操作下,个体 $\vec{x}_{ik}$ 所在的种群不能逐步逼近 $\vec{x}_{tk}$ 时,个体 $\vec{x}_{ik}$ 到个体 $\vec{x}_{tk}$ 是不可达的。如图 2.1 所示,若整个种群都落在区间 $[c,d]$,则在 DE/rand/1 操作下,从 $[c,d]$ 中的任意个体到 $[a,b]$ 中的个体都是不可达的。

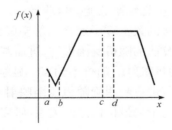

图 2.1　DE/rand/1 下个体间不可达的函数示意图

　　如果在有关吸收态的推理过程中能够排除上述问题所代表的函数类,结论将更完备,而且该类函数是运用差分演化算法较难优化的函数,对该类函数特征的把握有助于设计更有效的算法。

2.2　基于马尔可夫链的差分演化算法收敛性分析

马尔可夫链是分析遗传算法收敛性最常用、最简单的模型之一。为了建立差分演化算法的马尔可夫链模型,本章比较分析差分演化与遗传算法的异同点。

① 差分演化算法通常采用实数编码,解空间的个体数是无限的;而遗传算法通常采用二进制编码,解空间的个体数是有限的。

② 差分演化算法有 5 个较常用的变异操作(2.1 节),这些变异操作都不能确保个体的可达域遍布整个解空间;遗传算法常用的变异操作有点变异、均匀变异、正态变异和非一致变异等,在这些变异操作下,解空间中任意个体的可达域都包含整个搜索解空间[4]。

③ 与杰出者保留遗传算法类似,差分演化算法贪婪的保留当代最优解到下一代,并参与下一代的演化。

基于上述异同点分析,本章先离散化优化问题,式(1.1)的搜索空间,然后构造基本差分演化算法的有限马尔可夫链模型,进而分析算法的收敛性。

2.2.1　相关定义与定理

定义 2.1[5]**(依概率收敛)**　称种群序列$\{X(t)|t=0,1,\cdots\}$依概率收敛到最优解集 B_δ^*,当且仅当$\lim\limits_{t\to\infty}P\{X(t)\bigcap B_\delta^*\neq\varnothing\}=1$。这里 B_δ^* 是优化问题,式(1.1)最优解集 B^* 的拓展,即

$$B_\delta^*=\{\vec{x}|\vec{x}\in U(\vec{x}^*,\delta),\vec{x}^*\in B^*\}$$

其中,δ 是足够小的正数;否则,称种群序列不能确保全局收敛。

定义 2.2[6]**(有限马尔可夫链)**　称有限状态的随机过程$\{X(t)|t=0,1,\cdots\}$是马尔可夫链,若随机变量下一步的取值 $X(t+1)$独立于历史状态、只与当前状态 $X(t)$相关,即对于所有 $t\geq0$,有

$$P\{X(t+1)=i_{t+1}|X(t)=i_t,\cdots,X(0)=i_0\}=P\{X(t+1)=i_{t+1}|X(t)=i_t\}$$

其中,i_t 表示随机变量 X 在 t 时刻所处的状态。

定义 2.3[6]**(转移概率)**　考虑马尔可夫链,称处于状态 i 的过程经过 k 步后处于状态 j 的概率为 k 步转移概率,记为 $P_{ij}{}^k$,即 $P_{ij}{}^k=\{X(t+k)=j|X(t)=i\}$。

定义 2.4[4]**(齐次性)**　考虑马尔可夫链,若定义 3.2 中 k 步转移概率与时刻 t 无关,则称该马尔可夫链是齐次的。

定理 2.1[7]**(一致连续性)**　若函数 $f(\vec{x})$在有界闭区域 ψ 上连续,则必然一致连续。

2.2.2　连续解空间的离散化

马尔可夫链是一个简单的随机过程,从随机过程的角度看,连续空间和离散空间的一个本质区别是状态数的无限与有限,解空间离散化就是从无限状态到有限状态的简化。文献[3],[8]运用马尔可夫链分析算法的收敛性。文献[2]运用随机泛函分析算法的收敛性,把解空间离散化了。这些文献离散化解空间的根源是计算机数值计算本质上的离散性,即在计算机中进行数值计算时总是要受到计算精度的限制,因此以计算精度为切片单位,把连续空间离散化。这种离散化思想是从纯解空间的角度考虑的,没有考虑到函数值随着自变量的变化而变化的剧烈程度。下面给出连续空间离散化的结论。

结论 2.1(离散化）　考虑优化问题,式(1.1),对于定义在有界闭区域 ψ 上的连续函数 $f(\vec{x})$,存在一个有限离散集合 $\varphi,\varphi\subset\psi$,即 $\forall a\in\psi,\exists b\in\varphi$,使得 $|f(\vec{a})-f(\vec{b})|\leqslant\varepsilon$,这里 ε 是问题给定的对于函数值的求解精度要求。

证明:任取一个足够小的正数 δ,对于每个 $j=1,2,\cdots,D$,把区间 $[L_j,U_j]$ 划分成 $\lceil[L_j,U_j]/\delta\rceil$ 等份,$\alpha_{j,k}$ 表示第 k 个区间上的第 j 个节点,φ_j 表示所有的 $\alpha_{j,k}$ 的集合,即 $\varphi_j=\{\alpha_{j,k}|k=1,2,\cdots,\lceil[L_j,U_j]/\delta\rceil\}$,令 φ 是所有 φ_j 的笛卡儿积,即 $\varphi=\varphi_1\times\varphi_2\times\cdots\times\varphi_D$,其中"$\lceil\cdot\rceil$"表示向上取整。

构造一个辅助函数 $h:\psi\rightarrow\varphi,\forall a=(a_1,a_2,\cdots,a_j,\cdots,a_D)\in\psi$,让 $b=h(a)$,这里 $b=(b_1,b_2,\cdots,b_j,\cdots,b_D)\in\varphi$,且对于任意 $\alpha_j\in[\alpha_{j,k},\alpha_{j,k+1})$,令 $b_j=\alpha_{j,k}$。

函数 h 把连续空间 ψ 中的所有点都映射到有限离散空间 φ。图 2.2 给出了一个二维 h 函数的实例。如图 2.2 所示,大矩形区域是 ψ,区域中的 9 个黑点组成集合 φ,函数把阴影子区域 $R_{2,2}$ 映射到点 $A_{2,2}$,其他的 8 个区域类似的映射到对应的 8 个点上。

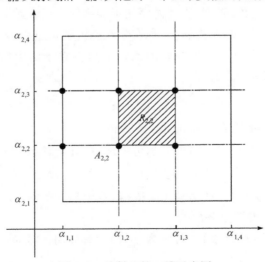

图 2.2　映射 h 的二维示意图

考虑到 $f(\vec{x})$ 是定义在闭区域 ψ 上的连续函数，根据定理 2.1 可知函数 $f(\vec{x})$ 一致连续，即 $\forall \varepsilon > 0, \exists \bar{\delta}$，对于 $\forall \vec{a}_1, \vec{a}_2 \in \psi: |\vec{a}_1 - \vec{a}_2| < \bar{\delta}$，使得 $|f(\vec{a}_1) - f(\vec{a}_2)| < \varepsilon$。

因此，只需令 $\delta = \bar{\delta}/\sqrt{n+1}$，则函数 h 可以在满足精度要求的前提下把连续空间 ψ 离散化。证毕。

上述离散化结论为连续空间离散化提供了纯理论的依据，使研究者可以从纯理论的角度去研究算法的理论性质。该结论还可以推广到闭区域上的分段连续函数上。

2.2.3   差分演化算法的马尔可夫链建模

在离散空间 φ 上考虑差分演化算法的迭代过程，把算法的种群视为随迭代次数变化的随机变量。

结论 2.2（差分演化的马尔可夫链模型）   在离散空间上考虑基本差分演化算法，算法种群序列 $\{X(t) \mid t = 0, 1, \cdots\}$ 是有限齐次马尔可夫链。

证明：① **状态数的有限性**。如结论 2.1 所述，可以根据问题的精度要求把连续优化问题（式 2.1）的解空间 ψ 映射到离散集 φ 上。显然，离散集 φ 只包含有限个个体，个体数 $|\varphi| = |\varphi_1| \cdot |\varphi_2| \cdots \cdot |\varphi_D|$，这里 $|\cdot|$ 表示有限集合中元素的个数（集合的势或者基数）。因此，一个包含 N 个个体的种群可以取的状态数是 $|\varphi|^N$，即基本差分演化算法种群的状态数是有限的。

② **马尔可夫性**。马尔可夫性是指随机变量的将来与过去无关，只与当前的状态相关，通常简称为马氏性。以 DE/rand/1: $\vec{v}_i = \vec{x}_{r1} + F \cdot (\vec{x}_{r2} - \vec{x}_{r3})$ 为例，可见捐助向量 $\vec{v}_i$ 的产生只与当代种群中的三个随机选取的向量，即 $\vec{x}_{r1}$、$\vec{x}_{r2}$、$\vec{x}_{r3}$ 和经验参数 F 相关，与以前的种群无关；随后的交叉操作和选择操作也同样是与以前的种群无关，因此 DE/rand/1 具有马氏性。同理可证，其他 4 个常用的基本差分演化算法的种群序列也满足马氏性。

③ **齐次性**。因为基本差分演化算法的演化算子（变异、交叉和选择）是与迭代次数 t 无关的，因此 k 步转移概率 $P_{ij}^k = \{X(t+k) = j \mid X(t) = i\}$ 与时刻 t 无关，即基本差分演化算法的种群序列满足齐次性。不满足齐次性的算子反例，模拟退火算法常用的 Metropolis 准则，该算法是迭代次数的函数，导致算法的种群序列不满足齐次性。

综上所述，在离散空间，基本差分演化算法的种群序列是有限齐次马尔可夫链。

2.2.4   基于马尔可夫链的差分演化算法收敛性证明

在离散化解集 φ 上运用马尔可夫链分析基本差分演化算法的种群序列的渐近收敛性。

结论 2.3　若基本差分演化算法的种群序列 $\{X(t)\,|\,t=0,1,\cdots\}$ 在某时刻 t 陷入局部最优状态,则种群序列转移到自身的概率是 1,向其他任意状态的转移概率是 0。

证明:考虑基本差分演化算法在任意时刻 t 从状态 $\bar{i}$ 到状态 $\bar{j}$ 的一步转移概率 P_{ij}^1,即

$$P_{ij}^1=\{X(t+1)=\bar{j}\,|\,X(t)=\bar{i}\}$$
$$=\sum_{i\in\varphi}P\{M(\bar{i})=i\}\cdot P\{C(\bar{i},i)=\bar{j}\}\cdot P\{S(\bar{i},\bar{j})=\bar{j}\}$$

其中,$M(\cdot)$、$C(\cdot,\cdot)$ 和 $S(\cdot,\cdot)$ 分别表示基本差分演化算法的变异、交叉和选择算子;φ 是离散化后的状态空间。

假设在时刻 $\bar{t}$,算法陷入局部最优,种群 $\bar{i}$ 中的个体都是相同的向量,根据基本差分演化算法的演化算子可知下式,即

$$P\{M(\bar{i})=i\}=\begin{cases}1,&i=\bar{i}\\0,&i\neq\bar{i}\end{cases},\quad P\{C(\bar{i},i)=i\}=\begin{cases}1,&i=\bar{i}\\0,&i\neq\bar{i}\end{cases},\quad P\{S(i,\bar{i})=i\}=\begin{cases}1,&i=\bar{i}^-\\0,&i\neq\bar{i}^-\end{cases}$$

因此,当 $\bar{i}$ 是一个局部最优种群时,有一步转移概率,即

$$P_{ij}^1=\{X(t+1)=\bar{j}\,|\,X(t)=\bar{i}\}$$
$$=\sum_{i\in\varphi}P\{M(\bar{i})=i\}\cdot P\{C(\bar{i},i)=\bar{j}\}\cdot P\{S(\bar{i},\bar{j})=\bar{j}\}$$
$$=\begin{cases}\sum_{i\in\varphi}P\{M(\bar{i})=\bar{i}\}\cdot P\{C(\bar{i},\bar{i})=\bar{i}\}\cdot P\{S(\bar{i},\bar{i})=\bar{i}\},&\bar{j}=\bar{i}\\[2mm]\sum_{j\in\varphi}P\{M(\bar{i})=j\}\cdot P\{C(\bar{i},j)=\bar{j}\}\cdot P\{S(\bar{i},\bar{j})=\bar{j}\},&\bar{j}\neq\bar{i}\end{cases}$$
$$=\begin{cases}\sum_{i\in\varphi}1\cdot1\cdot1,&\bar{j}=\bar{i}\\[2mm]\sum_{j\in\varphi}0\cdot0\cdot0,&\bar{j}\neq\bar{i}\end{cases}$$
$$=\begin{cases}1,&\bar{j}=\bar{i}\\0,&\bar{j}\neq\bar{i}\end{cases}$$

即一旦基本差分演化算法的种群陷入局部最优,转移到自身的概率是 1,而转移到其他种群(即跳出局部最优)的概率是 0。证毕。

结论 2.4(基本差分演化不确保依概率全局收敛)　基本差分演化算法的种群序列 $\{X(t)\,|\,t=0,1,\cdots\}$ 不能确保依概率收敛到[式(1.1)]全局最优解集 B_δ^*,即

$$\lim_{t\to\infty}P\{X(t)\textstyle\bigcap B_\delta^*\neq\varnothing\}<1$$

证明:由结论 2.3 知,一旦基本差分演化算法的种群陷入局部最优,则无法逃

出局部最优,转移概率矩阵呈现稀疏态,只有转移到自身的概率是 1,其他的都是 0。在有限离散空间 φ 上考虑含 N 个个体的初始种群 $X(0)$,通过均匀随机抽样,该种群中所有个体都等于某一局部最优解的概率为

$$P\{X(0) \in \overline{B}_\delta^*\} = \frac{1}{|\varphi|^N} \cdot |\overline{B}^*|$$

其中,$\overline{B}_\delta^*$ 表示局部最优解集的扩充集合;$|\overline{B}^*|$ 表示局部最优解的个数(考虑至少有一个局部最优解的情况)。

$$\lim_{t \to \infty} P\{X(t) \bigcap B_\delta^* \neq \varnothing\}$$
$$= 1 - \lim_{t \to \infty} P\{X(t) \bigcap B_\delta^* = \varnothing\}$$
$$\leqslant 1 - \lim_{t \to \infty} P\{X(t) \bigcap B_\delta^* = \varnothing, X(0) \in \overline{B}_\delta^*\}$$
$$\leqslant 1 - \lim_{t \to \infty} P\{X(t) \bigcap B_\delta^* = \varnothing | X(0) \in \overline{B}_\delta^*\} \cdot P\{X(0) \in \overline{B}_\delta^*\}$$
$$= 1 - \frac{1}{|\varphi|^N} |\overline{B}^*| < 1$$

根据定义 2.1 知,基本差分演化算法不能确保依概率收敛。证毕。

2.3　基于随机漂移模型的差分演化算法收敛性分析

上一节基于马尔可夫链模型证明基本差分演化算法不确保依概率收敛性,证明过程基于差分演化算法的两个性质:一旦算法种群陷入局部最优,种群不能跳出局部最优(结论 2.3);在有限状态的离散解空间上,均匀抽样的初始种群陷入局部最优的概率大于 0。该推理存在两个有待进一步改进研究的议题:推理运用的性质 2 在纯理论上是成立的,但实际上在计算机上实现时,可以通过控制伪随机数的产生,来避免性质 2 中的极端情况的发生;算法不确保收敛并不是说对所有的函数都不能确保收敛,事实上,基本差分演化算法对单峰连续函数是全局收敛的。随之而引发的一个问题是,算法对哪些具有某种特征的函数不能确保依概率收敛。该问题的研究更有利于设计有针对性的收敛差分演化算法。

基于上述分析,接下来引入随机漂移模型,构造函数,运用反证法证明基本差分演化算法的不确保全局收敛,推理过程避开了上述算法的第 2 个性质。构造的函数是一类算法不能确保全局收敛的代表函数,函数的代表性和难解根源接下来将细致分析。

2.3.1　差分演化算法的随机漂移建模

随机漂移[9](random drift)建模旨在把高维空间上的算法行为分析转化为一维空间上的上鞅进行研究,建立随机漂移模型的两个关键点是定义距离函数和计

算平均漂移。

定义 2.5（欺骗最优解集）　称某优化问题的解空间 ψ 的一个子集 $\tilde{\psi}(\tilde{\psi}\subset\psi)$ 为欺骗最优解集,若 $\tilde{\psi}$ 满足:任意种群一旦陷入集合 $\tilde{\psi}$ 就不能跳出;$\tilde{\psi}$ 不包含问题的最优解。

从上述定义可知,欺骗最优解集是一个与待优化的问题和使用的优化算法相关的概念,即不同的优化问题对于同样的算法可能存在不同的欺骗最优解集,同样的优化问题对于不同的算法可能也对应着不同的欺骗最优解集。另外,问题的局部最优解集、早熟解集显然包含在欺骗最优解集之中,从这个角度看,可以把欺骗最优解集看成为局部最优解集和早熟解集的拓展。

定义一个函数 $H(X(t),\tilde{\psi})$,用该函数来描述算法的种群 $X(t)$ 与欺骗最优解集 $\tilde{\psi}$ 之间的距离,

$$H(X(t),\tilde{\psi})\triangleq\max_{0<i<N}\{|\vec{x}_i(t)-\tilde{\psi}|,\vec{x}_i(t)\in X(t)\}$$

其中,$\vec{x}_i(t)$ 是种群中的第 i 个个体;$|\cdot|$ 是点到集合的距离,即把种群到集合的距离定义为种群中的个体到集合的最大距离。

在上述距离函数的基础上,定义第 t 代种群在给定状态下的一步平均漂移如下,即

$$E[H(X(t+1),\tilde{\psi})-H(X(t),\tilde{\psi})|X(t)=X]$$
$$=H(X,\tilde{\psi})-\int_{Y\in\psi}H(Y,\tilde{\psi})P(X(t+1)=\mathrm{d}Y\mid X(t)=X)$$

其中,$E[\cdot]$ 表示某随机变量的数学期望;X 和 Y 是解空间 ψ 中的个体。

上面的一步平均漂移可以分成正漂移和负漂移。定义正漂移如下,即

$$E^+[H(X(t+1),\tilde{\psi})-H(X(t),\tilde{\psi})|X(t)=X]$$
$$=H(X,\tilde{\psi})-\int_{Y:H(Y,\tilde{\psi})\leqslant H(X,\tilde{\psi})}H(Y,\tilde{\psi})P(X(t+1)=\mathrm{d}Y\mid X(t)=X)$$

定义负漂移为

$$E^-[H(X(t+1),\tilde{\psi})-H(X(t),\tilde{\psi})|X(t)=X]$$
$$=H(X,\tilde{\psi})-\int_{Y:H(Y,\tilde{\psi})<H(X,\tilde{\psi})}H(Y,\tilde{\psi})P(X(t+1)=\mathrm{d}Y\mid X(t)=X)$$

不难发现,这里正漂移表示种群 $X(t)$ 向欺骗最优解集 $\tilde{\psi}$ 的一步平均漂移距离,负漂移表示种群 $X(t)$ 远离欺骗最优解集 $\tilde{\psi}$ 的一步平均漂移距离。

接下来,构造一个线性欺骗函数,基于上述的随机漂移模型,运用反证法,结合基本差分演化算法的性质(结论 2.3),证明算法不能确保依概率收敛[10]。

2.3.2　线性欺骗函数的构造

构造一个线性分段函数,该函数对基本差分演化算法有很强的欺骗性,称为线性欺骗函数(linear deceptive function),即

$$\min \quad f_m(x) = \begin{cases} -mx-1, & -\dfrac{2}{m} \leqslant x < -\dfrac{1}{m} \\[2mm] mx+1, & -\dfrac{1}{m} \leqslant x < 0 \\[2mm] -\dfrac{x}{m}+1, & 0 \leqslant x < m-1 \\[2mm] \dfrac{1}{m}, & m-1 \leqslant x \leqslant m \end{cases}$$

这里一般要求 $m \geqslant 10$，该函数的全局最优解是 $x = -1/m$，对应的函数值是 0，函数存在一个局部最优解集 $[m-1, m]$，对应的函数值是 $1/m$。函数的代表性将在下一小节进行分析。

现取 $m = 10$，则

$$\min \quad f_{10}(x) = \begin{cases} -10x-1, & -\dfrac{1}{5} \leqslant x < -\dfrac{1}{10} \\[2mm] 10x+1, & -\dfrac{1}{10} \leqslant x < 0 \\[2mm] -\dfrac{x}{10}+1, & 0 \leqslant x < 9 \\[2mm] \dfrac{1}{10}, & 9 \leqslant x \leqslant 10 \end{cases}$$

如图 2.3 所示，函数的全局最优解是 $x = -1/10$，对应的函数值是 0，函数存在一个局部最优解集 $[9,10]$，对应的函数值是 $1/10$。

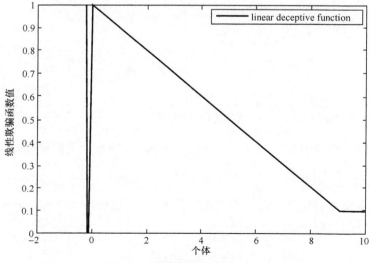

图 2.3　线性欺骗函数($m=10$)

2.3.3　基于随机漂移模型的差分演化算法收敛性证明

以上述线性欺骗函数为反例,运用反证法证明基本差分演化算法不能确保依概率收敛(即证明结论 2.4),证明分四步。

(1) 确定算法对于线性欺骗函数 $f_m(x)$ 的欺骗最优解集 $\tilde{\psi}$

考虑 DE/rand/1 变异算法 $v_i = x_{r1} + F \cdot (x_{r2} - x_{r3})$,在基本差分演化算法中,变异因子 $F \in (0, 1]$,假设整个种群 X 的个体都落在集合 $[m/2, m]$ 内,这时个体的最大可能漂移只可能在 $F=1$、$x_{r1} = x_{r2} = m/2$ 且 $\vec{x}_{r3} = m$ 时取得。此时,捐助向量 $v_i = m/2 + 1 \cdot (m/2 - m) = 0$,对应的函数值 $f_m(v_i) = 1$。考虑到对于任意 $x \in [m/2, m]$,都有 $f_m(x) \leqslant 1$。因此,在基本差分演化算法贪婪的选择操作下,捐助向量 v_i 不可能取代目标向量 x_i(一维函数的情况,不考虑交叉操作),即只要 DE/rand/1 的种群进入区域 $[m/2, m]$,就不可能再跳出该区域。根据定义 4.1,区域 $[m/2, m]$ 是基本差分演化算法 DE/rand/1 对于线性欺骗函数 $f_m(x)$ 的一个欺骗最优解集。

同理可知,$[m/2, m]$ 是基本差分演化算法 DE/best/1 对于线性欺骗函数 $f_m(x)$ 的一个欺骗最优解集,$[m/4, m]$ 可以作为其他三个基本差分演化算法(DE/rand/2、DE/best/2 和 DE/current-to-best/1)对于线性欺骗函数 $f_m(x)$ 的欺骗最优解集。接下来的证明以差分演化/rand/1 为例进行,即令 $\tilde{\psi} = [m/2, m]$。

(2) 估算种群 $X \subset (0, m)$ 向欺骗最优解集 $\tilde{\psi} = [m/2, m]$ 的一步平均漂移

任给一个种群 $X(t) = X \subset (0, m)$,假设种群中个体服从均匀分布,个体也是独立同分布的向量,考虑到只有实验向量落在 $[-2/m, 0]$ 区域上,下一代种群 $X(t+1)$ 才有可能向全局最优解的区域漂移(即产生负漂移)。可以计算实验向量 $\vec{u}(t)$ 落在区域 $[-2/m, 0]$ 上的概率如下(详细步骤见本章附录),即

$$P\left\{\boldsymbol{u}(t) \in \left[-\frac{2}{m}, 0\right] \Big| X(t) = X\right\} = \begin{cases} \dfrac{F}{6}, & 0 < F < \dfrac{2}{m^2} \\ \dfrac{4}{3m^6 F^2} - \dfrac{2}{m^4 F} + \dfrac{2}{m^2}, & \dfrac{2}{m^2} \leqslant F \leqslant 1 \end{cases}$$

因此,有

$$P\left\{\boldsymbol{u}(t) \in \left[-\frac{2}{m}, 0\right] \Big| X(t) = X\right\} \leqslant \frac{4}{3m^6} - \frac{2}{m^4} + \frac{2}{m^2} < \frac{2}{m^2}$$

因此,实验向量种群中至少有一个个体落在区域 $[-2/m, 0]$ 上的概率,即

$$P\left\{U(t) \bigcap \left[-\frac{2}{m}, 0\right] \neq \varnothing \Big| X(t) = X\right\} < 1 - \left(1 - \frac{1}{m^2}\right)^N$$

进而,在基本差分演化算法贪婪的选择操作下,下一代种群 $X(t+1)$ 中至少有一个个体落在区域 $(-2/m, 0)$ 上的概率,即

$$P\left\{X(t+1) \bigcap \left[-\frac{2}{m}, 0\right] \neq \varnothing \Big| X(t) = X\right\} < 1 - \left(1 - \frac{1}{m^2}\right)^N$$

在上述事件发生的时候,种群才有可能发生实质性的负漂移。考虑到差分演化/rand/1 算子中确定漂移方向的指标 r_2 和 r_3 是随机选取的,本质上是可以交换的,因此在种群发生上述负漂移的时候,有不小于该概率(至少是与之等概率)的正漂移会发生。

令 δ 表示种群 X 中任意两个相异个体间的最小非零距离,运用该距离来估算种群 $X(X \subset (0,m))$ 向欺骗最优解集 $\tilde{\psi} = [m/2, m]$ 的正漂移为

$$E[H(X(t+1), \tilde{\psi}) - H(X(t), \tilde{\psi}) \mid X(t) = X]$$

$$= H(X, \tilde{\psi}) - \int_{Y \in \psi} H(Y, \tilde{\psi}) P(X(t+1) = \mathrm{d}Y \mid X(t) = X)$$

$$= H\left(X, \left[\frac{m}{2}, m\right]\right) - \int_{Y \in \left[-\frac{2}{m}, m\right]} H\left(Y, \left[\frac{m}{2}, m\right]\right) P(X(t+1) = \mathrm{d}Y \mid X(t) = X)$$

$$= \int_{Y \in \left[-\frac{2}{m}, m\right]} \left[H\left(X, \left[\frac{m}{2}, m\right]\right) - H\left(Y, \left[\frac{m}{2}, m\right]\right)\right] P(X(t+1) = \mathrm{d}Y \mid X(t) = X)$$

$$= \int_{Y \in \left[-\frac{2}{m}, 0\right]} \left[H\left(X, \left[\frac{m}{2}, m\right]\right) - H\left(Y, \left[\frac{m}{2}, m\right]\right)\right] P(X(t+1) = \mathrm{d}Y \mid X(t) = X)$$

$$\quad + \int_{Y \in [0, m]} \left[H\left(X, \left[\frac{m}{2}, m\right]\right) - H\left(Y, \left[\frac{m}{2}, m\right]\right)\right] P(X(t+1) = \mathrm{d}Y \mid X(t) = X)$$

$$\geqslant \int_{Y \in \left[-\frac{2}{m}, 0\right]} [-F \cdot \delta] P(X(t+1) = \mathrm{d}Y \mid X(t) = X)$$

$$\quad + \left\{ \int_{Y \in \left[-\frac{m}{2}, 0\right]} [-F \cdot \delta] P(X(t+1) = \mathrm{d}Y \mid X(t) = X) \right.$$

$$\quad \left. + \int_{Y \in \left[-\frac{m}{2}, m\right]} [F \cdot \delta] P(X(t+1) = \mathrm{d}Y \mid X(t) = X) \right\}$$

$$= F \cdot \delta \left[1 - 2 \int_{Y \in \left[-\frac{2}{m}, 0\right]} P(X(t+1) = \mathrm{d}Y \mid X(t) = X)\right]$$

$$> \left(2\left(1 - \frac{1}{m^2}\right)^N - 1\right) \cdot \delta \cdot F$$

可见,当 m 足够大时,上述一步平均漂移是大于 0 的。

(3) 估计种群 $X \subset (0, m]$ 进入欺骗最优解集 $\tilde{\psi} = [m/2, m]$ 所需的平均次数

显然,种群 $X \subset (0, m]$ 到欺骗最优解集 $\tilde{\psi} = [m/2, m]$ 的最大距离是 $m/2$,用 $\overline{T}_{\max}$ 表示种群进入欺骗最优解集所需的平均次数,则 $\overline{T}_{\max}$ 不大于最大距离 $m/2$ 与一步平均漂移的比值,即

$$\overline{T}_{\max} \leqslant \frac{m/2}{\left(2\left(1 - \frac{1}{m^2}\right)^N - 1\right) \cdot \delta \cdot F}$$

(4) 依据定义 2.1 证明算法的不确保收敛性

　　由(3)的推导可知,只要种群都落在区域$(0,m]$上,则种群最多平均经过$\overline{T}_{\max}$次迭代,就会进入欺骗最优解集$\tilde{\psi}=[m/2,m]$。(1)的推导又确定了,对于基本差分演化算法而言,一旦进入欺骗最优解集,算法的种群将不可能再跳出该集合。

　　现假设算法初始种群是通过均匀抽样产生,计算初始种群$(0,m]$落在区域上的概率为

$$P\{X(0)\in(0,m]\}=\left(\frac{m}{m+2/m}\right)^N=\left(\frac{m^2}{m^2+2}\right)^N$$

因此,有

$$\lim_{t\to\infty}P\{X(t)\bigcap B_\delta^*\neq\varnothing\}$$
$$=1-\lim_{t\to\infty}P\{X(t)\bigcap B_\delta^*=\varnothing\}$$
$$\leqslant1-\lim_{t\to\infty}P\{X(t)\bigcap B_\delta^*=\varnothing,X(0)\in(0,m]\}$$
$$\leqslant1-\lim_{t\to\infty}P\{X(t)\bigcap B_\delta^*=\varnothing|X(0)\in(0,m]\}\cdot P\{X(0)\in(0,m]\}$$
$$\leqslant1-\lim_{t\to\infty}P\{X(t)\subset\left[\frac{m}{2},m\right]|X(0)\in(0,m]\}\cdot P\{X(0)\in(0,m]\}$$
$$\leqslant1-\left(1-\left(1-\frac{1}{m^2}\right)^N\right)^{T_{\max}}\cdot\left(\frac{m^2}{m^2+2}\right)^N$$
$$<1$$

根据定义 2.1 可知,基本差分演化算法不能确保依概率收敛。证毕。

　　推理通过建立基本差分演化算法的随机漂移模型,构造一个线性欺骗函数,定义一个欺骗最优解集,计算初始种群向欺骗最优解集产生正漂移的概率。然后,再运用基本差分演化算法的种群一旦进入欺骗最优解集就不能跳出的性质。最后,结合定义 2.1 说明算法不能确保收敛。

　　与 2.3 节的推理过程相比较,这里的证明不需要把连续优化问题的解空间离散化,直接对包含无限多个个体的连续解空间进行分析。用来反证的初始种群也不需要像 2.3 节一样落在局部最优解集的狭小域内,只需要落在一个占整个解空间$m^2/(m^2+2)$的区域。

2.4　一类让经典 DE 算法不能确保收敛的函数

　　考虑到上述结论的推理过程是基于构造的函数——线性欺骗函数——的基础上完成,唤起的一个问题是该函数是否具有代表性。事实上,线性欺骗函数的构造源于一类常用的测试函数,它代表着工程应用问题的一个函数类型。该类函数具有两个特征,即全局最优值点临近解空间的边界,存在较大测度的欺骗最优解集。

2.4.1　函数的结构特征分析

先给出两个常用的测试函数。

1. 欺骗函数[11]

欺骗函数(deceptive function)的表达式为

$$\min f(x)=\begin{cases}-3\mathrm{sinc}(2x+10), & -10\leqslant x<0 \\ -\sqrt{x}\cdot\sin(x\pi), & 0\leqslant x\leqslant 10\end{cases}$$

其中,$\mathrm{sinc}(y)=\begin{cases}1, & y=0 \\ \dfrac{\sin(\pi y)}{\pi y}, & y\neq 0\end{cases}$

如图 2.4 所示,欺骗函数在 $x=-5.0$ 处取得最小值-3,函数还存在一个欺骗极小值点 $x=8.5060$,对应的函数值是-2.9160。

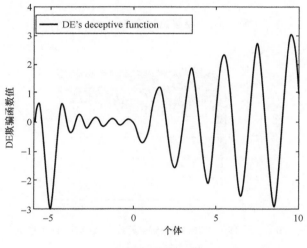

图 2.4　欺骗函数

2. 移位旋转 Ackley's 函数[12]

移位旋转 Ackley's 函数(shifted roted ackley's function with global optimu on bounds)是常用的测试函数集 CEC 2005 中的第 8 个函数,即

$$f(\boldsymbol{x})=-20\exp\left(-0.2\sqrt{\frac{1}{D}\sum_{i=1}^{D}z_i^2}\right)-\exp\left(\frac{1}{D}\sum_{i=1}^{D}\cos(2\pi z_i)\right)+20+\mathrm{e}+f\_\mathrm{bias}$$

其中,$\boldsymbol{z}=(\boldsymbol{x}-\boldsymbol{o})\cdot M;\vec{x}=(x_1,x_2,\cdots,x_D);D$ 是向量维数;$\boldsymbol{x}\in[-32,32]^D;\boldsymbol{o}=(o_1,$

$o_2, \cdots, o_D$)是被移位的全局最优值点；M 是条件数等于 100 的线性变换矩阵；偏置 $f\_bias = -140$。

　　如图 2.5 和图 2.6 所示，分别给出了移位旋转 Ackley's 函数的二维图形及其在 YOZ 平面上的射影图形。可以看出，函数有很多局部最优值点，全局最优值点接近边界。

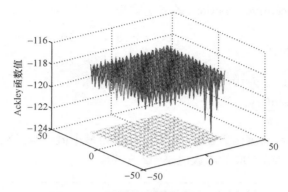

图 2.5　二维移位旋转 Ackley's 函数

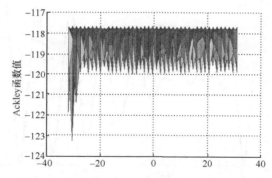

图 2.6　二维移位旋转 Ackley's 函数在 YOZ 平面上的射影

　　欺骗函数和移位旋转 Ackley's 函数是两个常用的测试函数，特别是移位旋转 Ackley's 函数，是 CEC 2005 的标准测试集合。近 10 年来，绝大部分数值优化的研究使用的测试集都是 CEC 2005 测试集，或者是在 CEC 2005 测试集基础上发展或简化的测试集合。线性欺骗函数的构造是源于这两个函数的共同特征：全局最优值点临近解空间的边界且存在较大测度的欺骗最优解集。线性欺骗函数保留了这两个测试函数的共同特征，简化了其他数学特征，如从高维函数到一维函数，从非线性到线性等。因此，从这的角度讲，构造的线性欺骗函数代表的是一类全局最优值点临近解空间边界，且存在较大测度欺骗最优解集的函数（无论线性与非线性、高维与低维）。对于 DE/rand/1，欺骗函数的最大欺骗最优解集包含区间

[3,10]，欺骗最优解集的测度不小于整个解空间的 35%；二维移位旋转 Ackley's
函数的最大欺骗最优解集包含集合

$$\{(x_1, x_2) \mid -32 \leqslant x \leqslant -10, -32 \leqslant x_2 \leqslant 0\}$$

欺骗最优解集的测度不小于整个解空间的 17.2%。

2.4.2　数值实验分析

众多文献给出了移位旋转 Ackley's 函数在不同算法上的测试结果，如表 2.1
所示，我们列出了 9 个算法在移位旋转 Ackley's 函数的测试结果，算法包括一个
最常用的基本差分演化算法 DE/rand/1、5 个有影响力的改进的差分演化算法
（CoDE、jDE、SaDE、EPSDE、JADE）和另外 3 个代表性的演化算法（CLPSO、
CMA-ES 和 GL-25）的测试结果。结果显示，所有算法在移位旋转 Ackley's 函数
的误差都不小于 20。表格中的 DE/rand/1 结果参考文献[13]，其他结果参考文献
[14]。

表 2.1　9 个算法在 30 维移位旋转 Ackley's 函数的数值模拟

FEs.	算法	平均误差	均方差
	DE/rand/1	2.10E+01	5.11E−02
	CoDE	2.01E+01	1.41E−01
	jDE	2.09E+01	4.86E−02
	SaDE	2.09E+01	4.95E−02
3.0E+05	EPSDE	2.09E+01	5.81E−02
	JADE	2.09E+01	1.68E−01
	CLPSO	2.09E+01	4.41E−02
	CMA-ES	2.03E+01	5.72E−01
	GL-25	2.09E+01	5.94E−02

注："FEs."表示每次独立运行时函数估值的个数；平均误差和均方差是 25 次独立运行的统计分析。

表 2.2 给出了 5 个的基本差分演化算法在线性欺骗函数和欺骗函数上的结果
分析。算法的参数设置如下，变异因子 $F=1.0$；交叉概率 $CR=0.9$；优化问题维数
$D=\begin{cases}1, \text{线性欺骗函数} \\ 2, \text{欺骗函数}\end{cases}$；最大迭代次数 $Max\_Iter=2000$。

表 2.2　5 个基本差分演化算法在欺骗函数和线性欺骗函数上的数值模拟（200 次独立运行）

	函数	/rand/1	/best/1	cur. to. best1 //cur. -to-best/1	/best/2	/rand/2
N. A.	线性	3	0	1	38	46
Trap	欺骗	197	200	199	162	154
T. R.	函数	98.5%	100.0%	99.5%	81.0%	77.0%
N. A.		16	2	1	81	113
Trap	欺骗 函数	184	198	199	119	87
T. R.		92.0%	99.0%	99.5%	59.5%	33.5%

注："N. A."在最大迭代次数内达到固定精度水平的次数；"Trap"陷入局部最优的次数；"T. R."陷入局部最优的比例。

　　达到设置的固定精度或者最大迭代次数，算法会终止循环，输出当前最优结果。

　　由表 2.2 可见，5 个不同变异操作的基本差分演化算法在线性欺骗函数和欺骗函数上陷入局部最优的比例都较大：在线性欺骗函数上，rand/1、best/1、cur. _to_ best/1、best/2、rand/2，陷入局部最优的比例依次是 98.5%、100.0%、99.5%、81.0% 和 77.0%；在欺骗函数上，依次是 92.0%、99.0%、99.5%、59.5% 和 33.5%。

2.4.3　函数难优化的缘由分析

　　上述的理论证明说明基本差分演化算法的不确保全局收敛性，并确定了一类差分演化算法不能确保收敛的函数。该类函数具有两个特征，即函数的全局最优值点靠近解空间边界，函数具有较大比例的欺骗最优解集。众多算法在该类函数上的数值实验结果支持理论上的结论（算法的不确保收敛性）。随之唤起的一个问题是为什么差分演化算法不能确保对该类函数收敛呢？接下来，通过分析差分演化算法变异算子的特征来说明不收敛的原因。

　　考虑差分演化算法的变异算子，以 DE/rand/1：$v_i = x_{r1} + F \cdot (x_{r2} - x_{r3})$ 为例，该算子是三个向量（个体）的凸组合，因此由该算子产生的个体具有如下三个特征：

　　① 在种群覆盖的范围内（图 2.7 和图 2.8 中的 AR 区域），产生的新个体数量以较大的概率落在该范围内。

　　② 从种群覆盖区域的边缘起，到约两倍于该区域的范围内（图 2.7 和图 2.8 中的 BR 区域），有新个体产生，但是个体落入该区域的概率相对较小。

　　③ 在往外延伸的无限区域里，算子产生的新个体不会落入该区域。

　　基于上述特征，我们分析初始化种群、函数的最优值点所在位置与求解问题难易程度之间的关系。

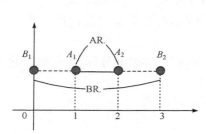

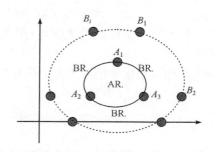

图 2.7　一维变异算子分析示意图　　　　图 2.8　二维变异算子分析示意图
（假设种群都落在"AR."区域）　　　　　　（假设种群都落在"AR."区域）

　　如图 2.9 和图 2.10 所示，我们给出了对于 DE/rand/1 相对容易和相对困难的两类初始种群与函数最优值点的分布图。在图 2.9 中，初始种群的覆盖区域都包含函数的全局最优值点。根据前面的分析知，DE/rand/1 产生的个体以较大的概率会落在全局最优值点的附近，因此这类问题对于 DE/rand/1 来说，是相对较简单的。在图 2.10 中，全局最优值点落在初始种群覆盖区域之外，DE/rand/1 产生的个体落在全局最优值点附近的概率相对较小，因此这类问题对于 DE/rand/1 相对较困难。不难发现，当图 2.10 继续向极端情况演变时，就与线性欺骗函数具有同样的特征：全局最优值点临近解空间的边界且存在占解空间较大比例的欺骗最优解集。

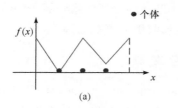

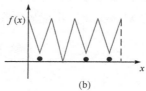

图 2.9　对于 DE/rand/1 相对容易的图例

　　在图 2.9 中，折线是分段函数，点是初始种群中的个体。图 2.9(a)有 1 个全局最优值点和 1 个局部最优值点。图 2.9(b)有 1 个全局最优值点和 3 个局部最优值点。

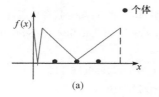

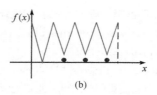

图 2.10　对于 DE/rand/1 相对困难的图例

在图 2.10 中,折线是分段函数,点是初始种群中的个体。图 2.10(a)有 1 个全局最优值点和 1 个局部最优值点,图 2.10(b)有 1 个全局最优值点和 3 个局部最优值点。

对于其他 4 个版本的基本差分演化算法,可以类似地分析,得到类似的结论。

2.5　本章小结

本章分析了文献中差分演化算法是否全局收敛的相关结论,首先基于马尔可夫链,证明基本差分演化算法的不能确保全局收敛性。这一结论表明,并不像传统的精英遗传算法,基本差分演化算法对任意的初始种群,当迭代次数趋于无穷时,算法不能确保依概率全局收敛。在推理过程中,本章通过离散化解空间,建立了基本差分演化算法的马尔可夫链模型,这是传统的演化算法收敛性分析工具——马尔可夫链模型——在实数编码演化算法中的一个运用范例,对同类算法的收敛性分析,有一定的借鉴意义。连续空间离散化定理为该类分析(运用马尔可夫链分析实数编码演化算法的收敛性)提供了理论基础。

然而,上述证明过程中运用了初始化种群的一个理论上的特殊性质,即均匀抽样初始化时,初始化种群有可能直接陷入局部最优。这种极端的情况,理论上虽然存在,实际上是很容易避开的。针对证明中的这一缺陷,本章接下来建立了基本差分演化算法的随机漂移模型,运用反证法,证明基本差分演化算法对一类有代表性的函数不能确保依概率收敛;并结合基本差分演化算法繁殖算子的特征,详细分析了差分演化算法对该类函数不能确保全局收敛的直观原因。

参 考 文 献

[1] Ghosh S,Das S,Vasilakos A V,et al. On convergence of differential evolution over a class of continuous functions with unique global optimum[J]. Systems,Man,and Cybernetics,Part B: Cybernetics,IEEE Transactions on,2012,42(1):107-124.

[2] 贺毅朝,王熙照,刘坤起,等. 差分演化的收敛性分析与算法改进[J]. 软件学报,2010,21(5): 875-885.

[3] 孙成富. 差分进化算法及其在电力系统调度优化中的应用研究[D]. 武汉:华中科技大学博士学位论文,2010.

[4] 徐宗本. 计算智能(第一册)——模拟进化计算[M]. 北京:高等教育出版社,2004.

[5] Burton R M. Pointwise properties of convergence in probability[J]. Statistics & Probability Letters,1985,3(6):315-316.

[6] Ross S M. Stochastic Process[M]. New York:Wiley,1996:86-112.

[7] 张筑生. 数学分析新讲[M]. 北京:北京大学出版社,1990.

[8] 孙成富,赵建洋,陈剑洪. 差分进化算法马尔可夫链模型及收敛性分析[J]. 计算机技术与发

展,2013,23(8):62-65.

[9] He J,Yao X. A study of drift analysis for estimating computation time of evolutionary algorithms[J]. Natural Computing,2004,3(1):21-35.

[10] Hu Z,Su Q,Yang X,et al. Not guaranteeing convergence of differential evolution on a class of multimodal functions[J]. Applied Soft Computing,2016.

[11] Yan J,Ling Q,Sun D. A differential evolution with simulated annealing updating method[C]// Machine Lenarning and Cybernetics,International Conference on. IEEE,2006:2103-2106.

[12] Suganthan P N,Hansen N,Liang J J,et al. Problem definitions and evaluation criteria for the CEC 2005 special session on real-parameter optimization[J]. KanGALReport,2005:5.

[13] Ronkkonen J,Kukkonen S,Price K V. Real-parameter optimization with differential evolution[C]//Proc. IEEE CEC. ,2005,1:506-513.

[14] Wang Y,Cai Z,Zhang Q. Differential evolution with composite trial vector generation strategies and control parameters[J]. Evolutionary Computation, IEEE Transactions on, 2011, 15(1):55-66.

第3章 差分演化算法依概率收敛的充分条件

一般而言,理论上能确保收敛的算法具有更强的跳出局部最优的能力和相对较高的稳健性。例如,精英遗传算法(依概率全局收敛的算法)相比基本遗传算法(不能确保依概率收敛的算法)。第2章证明基本差分演化算法不能确保依概率全局收敛,因此唤起的一个问题是如何设计简单、高效、收敛的差分演化算法。接下来围绕依概率全局收敛的差分演化算法的设计从以下几个方面展开讨论。

① 差分演化算法收敛的充分条件。

② 建立收敛的差分演化算法模式。

③ 分析和测试几个能辅助差分演化算法收敛的常用算子。

④ 发展能辅助差分演化快速收敛的新算子。

本章研究差分演化算法依概率收敛的充分条件,主要研究改进的算法在满足什么条件时能确保算法依概率收敛。本章运用无穷乘积理论证明差分演化算法收敛的一个充分条件。

3.1 充分条件的推理

随着差分演化算法在数值模拟与工程应用上的进展,差分演化算法的理论研究已经引起一些学者的关注,当前的理论研究主要集中在差分演化算法的依概率收敛性和依概率收敛的差分演化算法的设计上,尚未见文献研究差分演化算法的充分条件。

性质 3.1 [1] **(无穷乘积的性质)** 若无穷乘积 $\prod\limits_{i=1}^{+\infty} a_i (0 < a_i < 1)$ 发散,则 $\prod\limits_{i=1}^{+\infty} (1 - a_i) = 0$。

结论 3.1 (算法收敛的充分条件) 考虑用改进的差分演化算法求解优化问题,式(1.1),该改进的差分演化算法(含贪婪的选择策略)依概率收敛,若算法种群 $X(t)$ 存在某个子序列种群 $X(t_k)$,$X(t_k)$ 产生的每个实验向量种群 $Y(t_k)$[1] 中至少存在一个个体 $\bar{y}_k$,使得 $P\{y_k \in B_\delta^*\} \geqslant \zeta(t_k) > 0$,其中由 $\zeta(t_k)$ 组成的无穷级数 $\sum\limits_{k=1}^{+\infty} \zeta(t_k)$ 发散,$\{t_k, k = 1, 2, \cdots\}$ 是自然数序列的任意子序列。

证明:由结论的条件可知,在第 t_k 代实验向量种群 $Y(t_k)$ 中没有一个个体属于最优解集拓展集合 B_δ^* 的概率为

$$P\{Y(t_k) \bigcap B_\delta^* = \varnothing\} \leqslant 1 - \zeta(t_k)$$

因此,在前面的所有 $k-1$ 代子序列实验向量种群中,没有一个个体属于最优解集拓展集合 B_δ^* 的概率为

$$\prod_{i=1}^{k-1} P\{Y(t_i) \bigcap B_\delta^* = \varnothing\} = \prod_{i=1}^{k-1} (1 - \zeta(t_i))$$

考虑到差分演化算法贪婪的选择操作会把当代的最优个体无条件的复制到下一代,可知在第 t_k 代种群中不包含最优个体的概率满足下式,即

$$
\begin{aligned}
P\{X(t_k) \bigcap B_\delta^* = \varnothing\} &= \prod_{t=1}^{t_k-1} P\{Y(t) \bigcap B_\delta^* = \varnothing\} \\
&\leqslant \prod_{i=1}^{k-1} P\{Y(t_i) \bigcap B_\delta^* = \varnothing\} \\
&= \prod_{i=1}^{k-1} (1 - \zeta(t_i))
\end{aligned}
$$

贪婪的选择操作也使得只要子序列中包含最优解,则原序列中一定包含最优解。同样,若原序列某个元素(种群)包含最优解,则子序列中对应的下一个元素(种群)必然包含最优解。因此,有

$$\lim_{t \to \infty} P\{X(t) \bigcap B_\delta^* \neq \varnothing\} \geqslant \lim_{k \to \infty} P\{X(t_k) \bigcap B_\delta^* \neq \varnothing\}$$

进而有

$$
\begin{aligned}
&1 - \lim_{k \to \infty} P\{X(t_k) \bigcap B_\delta^* = \varnothing\} \\
&= 1 - \lim_{k \to \infty} \prod_{i=1}^{t_k-1} P\{Y(i) \bigcap B_\delta^* = \varnothing\} \\
&\geqslant 1 - \lim_{k \to \infty} \prod_{i=1}^{k-1} (1 - \zeta(t_i)) \\
&= 1 - \prod_{i=1}^{+\infty} (1 - \zeta(t_i))
\end{aligned}
$$

由性质 3.1 知,若无穷乘积 $\prod_{i=1}^{+\infty} \zeta(i)$ 发散,则 $\prod_{i=1}^{+\infty} (1 - \zeta(i)) = 0$。因此,对于发散的无穷乘积 $\prod_{k=1}^{+\infty} \zeta(t_k)$,有 $\lim_{t \to \infty} P\{X(t) \bigcap B_\delta^* \neq \varnothing\} \geqslant 1 - \prod_{i=1}^{+\infty} (1 - \zeta(t_i)) = 1$。

根据定义 2.1 知,该改进的差分演化算法依概率收敛。证毕。

结论 3.2(充分条件的一个推论) 若取结论 4.1 中的 $\zeta(t)$ 为一大于 0 的常数,则改进的差分演化算法收敛。

证明:设 $\zeta(t_k)$ 恒等于一大于 0 的常数 ζ,即 $\zeta(t_k) = \zeta > 0$。显然,因级数的通项数列不以 0 为极限,因此无穷级数 $\sum_{k=1}^{+\infty} \zeta(t_k) = \sum_{k=1}^{+\infty} \zeta$ 发散。根据结论 3.1 可知,改进的差分演化算法依概率收敛。

3.2　充分条件的注记

上述结论 3.1 的直观理解是,种群序列存在一个子序列,该子序列中的种群在改进的差分演化算法的演化操作下,得到的下一代种群包含最优解的概率足够大,则改进的差分演化算法收敛。这里的概率足够大体现在对应的正项级数 $\sum_{k=1}^{+\infty} \zeta(t_k)$ 发散上。在特殊情况下,当该概率 $\zeta(t_k)$ 不随迭代次数变化,即恒等于某一常数时,常数项正项级数是发散的,因此改进的差分演化算法也收敛。结论 3.2 的直观理解是,种群序列存在一个子序列,该子序列中的种群在改进的差分演化算法的演化操作下,得到的下一代种群包含最优解的概率恒大于某个常数,则改进的差分演化算法收敛。

值得指出的是,虽然未见直接面向差分演化算法的收敛性充分条件,但是差分演化算法是典型的演化算法之一。事实上,面向演化算法的收敛性条件也能用来判断改进的差分演化算法的敛散性。例如,文献[2]基于马尔可夫核函数给出了收敛条件,该条件的运用需估算演化算子的马尔可夫核函数;文献[3]基于测度理论给出的一个充分条件,然而运用时要估算测度函数最优解集扩展区域的测度。结论 3.1 和结论 3.2 只需要判断算法子序列种群进入全局最优的概率即可,相比之下,更便于判断改进的差分演化算法的收敛性。

精英遗传算法的收敛模式是最传统的演化算法收敛模式之一,算法满足两个条件,一个是当代种群中最优个体的保留,另一个是下一代种群在演化算子下的遍历性。相比该传统的收敛模式,结论不要求每一代种群在演化算子下都遍历,甚至从理论上讲,在子序列种群上也不需要遍历,只要子序列种群进入最优解集的概率足够大即可。因此,相比之下结论 3.1 和 3.2 的条件更松弛。

3.3　几个差分演化算法的收敛性分析

下面运用结论 3.1(或者推论 3.2)给出的充分条件,证明当前文献中给出的几个差分演化算法的收敛性。

3.3.1　DE-RW 算法的收敛性证明

DE-RW(differential evolution algorithm with random walk)算法是文献[4]在 2012 年的 GECCO(Genetic and Evolutionary Computation Conference)年会上提出来的。DE-RW 算法融合随机漫步(random walk)机制到基本差分演化算法中,运用随机漫步机制增强种群的多样性,可以提高算法跳出局部最优的能力。文

献数值实验验证了该算法的性能,但是没有从理论上证明算法的收敛性。

DE-RW 算法流程如下。

Step1,(初始化)初始化种群规模(population size,N),个体维数(individual dimension,D),变异因子(mutation factor,F),交叉概率(crossover probability,CR);初始化种群 $X^t=(\boldsymbol{x}_1^t,\boldsymbol{x}_2^t,\cdots,\boldsymbol{x}_N^t)$。这里迭代次数 $t=0$,表示第 0 代的初始化种群;$\boldsymbol{x}_i^t,i=1,2,\cdots,N$ 表示第 t 代的第 i 个个体,每个个体都是 D 维向量。

Step2,(变异)算法运用 DE/best/1 变异操作为每个个体产生一个对应的捐助向量 $\boldsymbol{v}$,DE/best/1 变异操作为

$$\text{DE/best/1:}\boldsymbol{v}_i^t=\boldsymbol{x}_{\text{best}}^t+F\cdot(\boldsymbol{x}_{r1}^t-\boldsymbol{x}_{r2}^t)$$

其中,$\boldsymbol{x}_i^t,i=1,2,\cdots,N$ 是第 t 代种群中的第 i 个个体,称之为目标向量(target vector);$r1$ 和 $r2$ 是 $1\sim N$ 不等于 i 的相异的随机整数;$\boldsymbol{x}_{\text{best}}^t$ 是第 t 代种群中的最优个体,变异因子 F 是经验参数,一般在区间 $(0,1]$ 上取值。

Step3,(交叉_随机漫步)算法通过目标向量和捐助向量之间的融合了随机漫步操作的交叉操作为每个目标个体产生一个实验向量 $\boldsymbol{u}$,交叉_随机漫步算子的表达式为

$$u_{i,j}^t=\begin{cases}v_{i,j}^t,&\text{rand}(0,1)\leqslant\text{CR 或 }j=j_{\text{rand}}\\\text{rand}(L_j,U_j),&\text{rand}(0,1)\leqslant\text{RW}\\x_{i,j}^t,&\text{其他}\end{cases}$$

其中,$j=1,2,\cdots,D$;CR 是算法的第二个经验参数,一般在 $(0,1)$ 取值;rand$(0,1)$ 是在 $[0,1]$ 上服从均匀分布的随机数;j_{rand} 是 $1\sim D$ 的一个随机整数,保证至少在某一维上实施交叉操作;L_j 和 U_j 分别表示第 j 维的下界和上界;rand(L_j,U_j) 是在 L_j 和 U_j 之间服从均匀分布的随机实数。

Step4,(选择)差分演化算法通过在目标向量和实验向量之间实施贪婪的选择操作来产生下一代种群,选择操作(针对最小化问题)可以表示为

$$\boldsymbol{x}_i^{t+1}=\begin{cases}\boldsymbol{u}_i^t,&f(\boldsymbol{u}_i^t)<f(\boldsymbol{u}_i^t)\\\boldsymbol{x}_i^t,&\text{其他}\end{cases}$$

其中,$f(\cdot)$ 是最小化问题的目标函数值。

Step5,(终止)循环执行 Step2～Step4,直至达到设定的循环终止条件时,终止循环,输出最优结果。常用的终止条件有两个,一是设定最大迭代次数,二是设置精度水平。

算法注解。

算法 Step3 中参数 RW 是随机漫步算子的使用概率,即

$$\text{RW}=0.1-\frac{0.099t}{G},\quad 0\leqslant t\leqslant G$$

其中,t 是当前迭代次数;G 是最大迭代次数。显然,随着 t 的增大,RW 随之减小,且 $\text{RW}\in[0.001,0.1]$。

结论 3.3（DE-RW 算法依概率收敛） DE-RW 算法是依概率全局收敛的。

证明：从如下两个方面分析 DE-RW 算法的特征。

① DE-RW 能保留当代种群中的最优解到下一代。

事实上，DE-RW 算法依然沿用基本差分演化算法的父子竞争选择，因此种群中的最优解会贪婪的保留到下一代。

② 在 DE-RW 繁殖算子的作用下，每代种群中的个体进入全局最优区域 B_δ^* 的概率足够大。

DE-RW 的繁殖算子包括基本变异算子 DE/best/1 和交叉_随机漫步算子。在繁殖算子作用下，实验向量 u 进入全局最优区域 B_δ^* 的概率，等于 v（基本的变异交叉算子产生的个体）进入 B_δ^* 的概率，加上单独由随机漫步算子产生的个体 $rand(L,U)$ 进入 B_δ^* 的概率，再加上两个混合产生的个体进入 B_δ^* 的概率。因此，在繁殖算子作用下，实验向量进入 B_δ^* 的概率大于单独由随机漫步算子产生的个体 $rand(L,U)$ 进入 B_δ^* 的概率，有

$$p\{u \in B_\delta^*\} \geqslant p\{rand(L,U) \in B_\delta^*\}$$

下面考虑个体 $rand(L,U)$ 进入 B_δ^* 的概率。$rand(L,U)$ 是指单独由随机漫步算子产生的新个体，即个体的每一维元素都是在解空间上均匀撒点产生的，因此个体 $rand(L,U)$ 在解空间上服从均匀分布，可以用 $\mu(\cdot)$ 表示集合的测度，则

$$p\{rand(L,U) \in B_\delta^*\} = [(1-CR) \cdot RW]^D \frac{\mu(B_\delta^*)}{\mu(\psi)}$$
$$= \left[(1-CR) \cdot \left(0.1 - \frac{0.099t}{G}\right)\right]^D \frac{\mu(B_\delta^*)}{\mu(\psi)}$$
$$> 0$$

其中，ψ 是解空间。

根据结论 3.1，令 $\zeta(t) = \left[(1-CR) \cdot \left(0.1 - \frac{0.099t}{G}\right)\right]^D \frac{\mu(B_\delta^*)}{\mu(\psi)} > 0$，显然级数 $\sum_{t=0}^{+\infty} \zeta(t)$ 发散，因此算法 DE-RW 收敛。证毕。

3.3.2 CCoDE 算法的收敛性证明

CCoDE[5]（convergent CoDE）是通过改进 CoDE（compsite differential evolution）算法得到的一个收敛的差分演化算法。CoDE 算法组合了 DE/rand/1、DE/rand/2、DE/cur-to-rand/1 等三个基本变异操作作为自己的繁殖操作，CCoDE 算法设计了一个 DE/um-best/1 操作代替其中的 DE/cur-to-rand/1。

CCoDE 算法流程如下。

Step1，（初始化）初始化种群规模（population size, N）、个体维数（individual dimension, D）、初始化种群 $X^t = (\vec{x}_1^t, \vec{x}_2^t, \cdots, \vec{x}_N^t)$。这里迭代次数 $t=0$，表示第 0 代

的初始化种群；$\vec{x}_i^t$，$i=1,2,\cdots,N$ 表示第 t 代的第 i 个个体，每个个体都是 D 维向量。

　　初始化变异因子(mutation factor，F)与交叉概率(crossover probability，CR)组合，算法选定三种组合[$F=1.0$，CR$=0.1$]、[$F=1.0$，CR$=0.9$]、[$F=0.8$，CR$=0.2$]。

　　Step2，(变异)依次运用 DE/rand/1、DE/rand/2 变异操作为每个个体产生两个对应的捐助向量，操作算子如下。

$$\text{DE/rand/1}:\boldsymbol{v}_i^t = \boldsymbol{x}_{r1}^t + F \cdot (\boldsymbol{x}_{r2}^t - \boldsymbol{x}_{r3}^t)$$

$$\text{DE/rand/2}:\boldsymbol{v}_i^t = \boldsymbol{x}_{r1}^t + F \cdot (\boldsymbol{x}_{r2}^t - \boldsymbol{x}_{r3}^t) + F \cdot (\boldsymbol{x}_{r4}^t - \boldsymbol{x}_{r5}^t)$$

其中，$r1,r2,\cdots,r5$ 是 $1\sim N$ 不等于 i 的相异的随机整数。

　　Step3，(交叉)接下来，算法通过目标向量 $\boldsymbol{x}_i^t$ 分别和两个捐助向量之间的交叉操作为每个目标个体产生两个实验向量。交叉算子的表达式为

$$u_{i,j}^t = \begin{cases} v_{i,j}^t, & \text{rand}(0,1) \leqslant \text{CR 或 } j = j_{\text{rand}} \\ x_{i,j}^t, & \text{其他} \end{cases}$$

其中，$j=1,2,\cdots,D$；rand$(0,1)$ 是在[$0,1$]上服从均匀分布的随机数；j_{rand} 是 1 和 D 之间的一个随机整数，保证至少在某一维上实施交叉操作。

　　Step4，(变异)算法在每个目标向量 $\boldsymbol{x}_i^t$ 上以概率 p_c 运用 DE/um-best/1 操作产生第 3 个实验向量。DE/um-best/1 的表达式为

$$\text{DE/um-best/}:\boldsymbol{u}_i^t = \boldsymbol{x}_i^t + F \cdot (\boldsymbol{x}_{\text{best}}^t - \boldsymbol{x}_i^t) + \text{rand}(0,1) \cdot (\boldsymbol{x}_{b1}^t - \boldsymbol{x}_{b2}^t)$$

其中，$\boldsymbol{x}_{\text{best}}^t$ 是第 t 代种群中的最优个体；$\boldsymbol{x}_{b1}^t$ 和 $\boldsymbol{x}_{b2}^t$ 是两个随机边界个体，边界个体是每一维都等于上边界或者下边界的个体；p_c 是控制参数，文献中取值 20%。

　　Step5，(选择)差分演化算法通过在目标向量和三个实验向量之间比较适应值，适应值最优的个体进入下一代种群，对于最小化问题，4 个个体中函数值最小的进入下一代种群。

　　Step6，(终止)循环执行 Step2~Step5，直至达到设定的循环终止条件，终止循环，输出最优结果。常用的终止条件有两种，即设定最大迭代次数、设置精度水平。

　　算法注解。

　　① 上述"DE/cur-to-rand/1"算子的数学表达式为

$$\vec{v}_i^t = \vec{x}_i^t + \text{rand}(0,1) \cdot (\vec{x}_{r1}^t - \vec{x}_i^t) + F \cdot (\vec{x}_{r2}^t - \vec{x}_{r3}^t)$$

　　② 算法使用 3 个变异算子，每次调用一个变异操作之前，从初始化得到的 3 组 F 和 CR 参数随机选择一组，作为该变异算子的参数。

　　③ 算法前两个变异算子经过了交叉操作，第 3 个变异算子，本身具备很强的多样性，不使用交叉操作。

　　结论 3.4 (CCoDE 算法依概率收敛)　　CCoDE 算法是依概率全局收敛的。

　　证明：从如下两个方面分析 CCoDE 算法的特征。

① CCoDE 能保持种群中的最优解到下一代。

CCoDE 算法的选择操作在 1 个目标个体和 3 个实验向量之间进行，这 4 个个体中最优秀的个体被保留到下一代种群，因此算法依然能够保持种群中的最优解到下一代。

② 在 CCoDE 繁殖算子的作用下，每代种群中的个体进入全局最优区域 B_δ^* 的概率足够大。

CCoDE 的繁殖算子由 DE/rand/1/bin、DE/rand/2/bin 和 DE/um-best/1 3 部分组成，这里"/bin"是指二项式交叉操作。在 CCoDE 的繁殖算子作用下，实验向量 $\boldsymbol{u}$ 进入全局最优区域 B_δ^* 的概率，等于由 DE/rand/1/bin 产生的个体进入 B_δ^* 的概率，加上由 DE/rand/2/bin 产生的个体进入 B_δ^* 的概率，再加上由 DE/um-best/1 产生的个体进入 B_δ^* 的概率。因此，在繁殖算子作用下，实验向量进入 B_δ^* 的概率不小于 DE/um-best/1 产生的个体进入 B_δ^* 的概率。

记 DE/um-best/1 产生的个体为 $\boldsymbol{u}_c$，则 $p\{\boldsymbol{u} \in B_\delta^*\} \geqslant p\{\boldsymbol{u}_c \in B_\delta^*\}$。

DE/um-best/1 算子在每个个体上以概率 p_c 执行，当两个边界个体 $\boldsymbol{x}_{b1}^t$、$\boldsymbol{x}_{b2}^t$ 一个取得上边界，另一个取得下边界时，两者的差是整个区间的长度，把 $\boldsymbol{x}_i^t + F \cdot (\boldsymbol{x}_{\text{best}}^t - \boldsymbol{x}_i^t)$ 看作一个给定的点，则产生的新个体 $\boldsymbol{u}_c$ 和 rand(0,1)一样，服从均匀分布，考虑到算法溢出边界的点会通过某种变换映射到解空间内，因此假设产生的新个体 $\boldsymbol{u}_c$ 在解空间上服从均匀分布。

用 $\mu(\cdot)$ 表示集合的测度，ψ 表示解空间，DE/um-best/1 算子产生的新个体 $\boldsymbol{u}_c$ 落入 B_δ^* 的概率，即

$$p\{\boldsymbol{u}_c \in B_\delta^*\} = p_c \cdot 0.5 \cdot \frac{\mu(B_\delta^*)}{\mu(\psi)}$$

其中，0.5 是事件——两个边界个体 $\boldsymbol{x}_{b1}^t$、$\boldsymbol{x}_{b2}^t$ 一个取得上边界、另一个取得下边界——发生的概率。

因此可得，DE/um-best/1 算子产生的新个体 $\boldsymbol{u}_c$ 不落入 B_δ^* 的概率，即

$$p\{\boldsymbol{u}_c \notin B_\delta^*\} = 1 - p_c \cdot 0.5 \cdot \frac{\mu(B_\delta^*)}{\mu(\psi)}$$

对于规模为 N 的种群，DE/um-best/1 算子产生的每个新个体 $\boldsymbol{u}_c$ 不落入 B_δ^* 的概率，即

$$p\{U_c \bigcap B_\delta^* = \varnothing\} = \left(1 - p_c \cdot 0.5 \cdot \frac{\mu(B_\delta^*)}{\mu(\psi)}\right)^N$$

进而可知，对立事件 DE/um-best/1 算子产生的新个体 $\boldsymbol{u}_c$ 至少有一个落入 B_δ^* 的概率，即

$$p\{U_c \bigcap B_\delta^* \neq \varnothing\} = 1 - \left(1 - p_c \cdot 0.5 \cdot \frac{\mu(B_\delta^*)}{\mu(\psi)}\right)^N > 0$$

根据结论 3.1,令

$$\zeta(t)=1-\left(1-p_c \cdot 0.5 \cdot \frac{\mu(B_\delta^*)}{\mu(\psi)}\right)^N>0$$

显然,级数 $\sum\limits_{t=0}^{+\infty}\zeta(t)$ 发散,因此算法 CCoDE 收敛。证毕。

3.3.3　msDE 算法的收敛性证明

文献[6]给出一个改进的收敛差分演化算法 msDE(a modified differential evolution with uniform mutation and diversity selection operators)。该算法应用均匀变异和新颖的多样性选择操作增强算法跳出局部最优的能力,是一个依概率收敛的差分演化算法。作者离散化解空间后,建立了算法的马尔可夫链模型,应用 msDE 算法的马尔可夫链只有唯一吸收态的性质,证明算法的依概率收敛性。这里应用上述充分条件证明 msDE 算法的收敛性,算法的证明过程更简洁。

msDE 算法流程。

Step1,(初始化)初始化种群规模(population size, N),个体维数(individual dimension, D),初始化种群 $X^t=(x_1^t,x_2^t,\cdots,x_N^t)$。这里迭代次数 $t=0$,表示第 0 代的初始化种群;$x_i^t, i=1,2,\cdots,N$ 表示第 t 代的第 i 个个体,每个个体都是 D 维向量。初始化变异因子(mutation factor, F)与交叉概率(crossover probability, CR)。

Step2,(变异)运用差分演化算法的 5 个常用变异操作之一为每个个体产生对应的捐助向量 v_i^t。

Step3,(交叉)通过目标向量 x_i^t 和捐助向量 v_i^t 之间的交叉操作为每个目标个体产生中间实验向量。交叉算子的表达式为

$$u_{i,j}^t=\begin{cases}v_{i,j}^t, & \text{rand}(0,1)\leqslant CR \text{ 或 } j=j_{\text{rand}}\\ x_{i,j}^t, & \text{其他}\end{cases}$$

其中,$j=1,2,\cdots,D$;rand$(0,1)$ 是在 $[0,1]$ 服从均匀分布的随机数;j_{rand} 是 1 和 D 之间的一个随机整数,保证至少在某一维上实施交叉操作。

Step4,(依概率均匀变异)算法对每个中间实验向量 u_i^t 以概率 p_{ms} 运用均匀变异操作产生一个实验向量 w_i^t。均匀变异的表达式为

$$w_{i,j}^t=\begin{cases}L_j+\text{rand}(0,1) \cdot (U_j-L_j), & \text{rand}(0,1)\leqslant P_{\text{ms}}\\ u_{i,j}^t, & \text{其他}\end{cases}$$

其中,L_j 和 U_j 分别是第 j 维个体的下界和上界;p_{ms} 是控制参数,文献中取值 1%。

Step5,(多样性选择)多样性选择操作首先选择一个目标种群和实验向量种群中的最优个体,直接保留到下一代,记进入下一代种群的个体指标是 k。然后,通过在目标向量 x_i^t 和实验向量 w_i^t 之间比较适应值($i\neq k$),适应值大的个体以较大的概率 $(1-P_{\text{ms}})$ 进入下一代种群。这里,控制参数 p_{ms} 与 Step4 中的相等,文献取值 1%.

Step6，(终止)循环执行 Step2～Step5，直至达到设定的循环终止条件，终止循环，输出最优结果。常用的终止条件有两种：一是设定最大迭代次数，二是设置精度水平。

算法注解。

① 算法 msDE 在基本差分演化算法的基础上增加了两个操作，即均匀变异操作和多样性选择操作，这两个操作都能增强种群的多样性。其中，均匀变异操作使得个体具有遍历特征，多样性选择操作依然保持最优解到下一代，这两点是算法理论上依概率收敛的关键。

② 在均匀变异和多样性选择中的控制参数 p_{ms}，一般取较小的值，文章取值 1%。因这里增加的两个操作都是单方面增加算法的求全能力，p_{ms} 太大会打破算法求全与求精能力的平衡性。

结论 3.5（msDE 算法依概率收敛）　　msDE 算法是依概率全局收敛的。

证明：根据充分条件(结论 3.1)，我们从如下两个方面分析 msDE 算法的特征。

① msDE 能保持种群中的最优解到下一代。

与基本差分演化算法的贪婪父子竞争选择不同，msDE 算法运用多样性选择操作，该操作首先保留最优解到下一代，然后才对其他的父子个体对进行多样性选择，以较小的概率保留适应值较低的个体到下一代。因此，msDE 算法仍然保留了当代最优个体。

② 在 msDE 的繁殖算子作用下，每代种群中的个体进入全局最优区域 B_δ^* 的概率足够大。

msDE 的繁殖算子由 3 个操作完成，即基本差分演化算法的变异操作、基本差分演化算法的交叉操作和均匀变异操作。在 msDE 的繁殖算子作用下，实验向量进入全局最优区域 B_δ^* 的概率，不小于均匀变异操作产生的个体进入 B_δ^* 的概率。

均匀变异算子在每个个体上以概率 p_{ms} 执行，且产生的新个体 w 在解空间上服从均匀分布。记每个个体 w 落入最优解区域的概率为 $p\{w \in B_\delta^*\}$，用 $\mu(\cdot)$ 表示集合的测度，ψ 表示解空间，均匀变异算子产生的新个体 w 落入 B_δ^* 的概率，即

$$p\{w \in B_\delta^*\} = p_{ms} \cdot \frac{\mu(B_\delta^*)}{\mu(\psi)} > 0$$

因此，可得均匀变异算子产生的新个体 w 不落入 B_δ^* 的概率，即

$$p\{w \notin B_\delta^*\} = 1 - p_{ms} \cdot \frac{\mu(B_\delta^*)}{\mu(\psi)}$$

对于规模为 N 的种群，均匀变异算子产生的每个新个体 w 都不落入 B_δ^* 的概率，即

$$p\{W \cap B_\delta^* = \varnothing\} = \left(1 - p_{ms} \cdot \frac{\mu(B_\delta^*)}{\mu(\psi)}\right)^N$$

其中，W 表示产生新个体 w 构成的种群。

进而可知，对立事件是均匀变异算子产生的新个体中至少有一个落入 B_δ^* 的概率，即

$$p\{W \bigcap B_\delta^* \neq \varnothing\} = 1 - \left(1 - p_{ms} \cdot \frac{\mu(B_\delta^*)}{\mu(\psi)}\right)^N > 0$$

根据结论 3.2，令

$$\zeta(t) = 1 - \left(1 - p_{ms} \cdot \frac{\mu(B_\delta^*)}{\mu(\psi)}\right)^N > 0$$

显然，级数 $\sum\limits_{t=0}^{+\infty} \zeta(t)$ 发散，因此算法 msDE 收敛。证毕。

纵观上述三个改进差分演化算法的收敛性证明，在确定算法能够保持最优解到下一代的前提下，只需要论证算法繁殖算子产生的新个体进入最优解集的概率足够大即可，无需在其他模型（如马尔可夫链模型等）下考虑算法的收敛过程，证明过程相对简单。

3.4　本章小结

本章基于无穷乘积理论，给出并证明改进的差分演化算法收敛的一个充分条件（结论 3.1）和一个推论（结论 3.2），结论认为在改进的差分演化算法的繁殖操作的作用下，某一子序列种群进入全局最优解集的概率足够大，则改进的差分演化算法能确保依概率收敛。与传统的演化算法的收敛模式和类似结论的对比分析表明该结论运用更方便、条件更松弛。运用给出的充分条件证明几个改进的差分演化算法的收敛性，证明过程相对简单。

参 考 文 献

[1] 陈传璋. 数学分析. 北京：高等教育出版社，2000.

[2] Rudolph G. Convergence of evolutionary algorithms in general search spaces[C]// Proceedings of the Third IEEE Conference on Evolutionary Computation，1996：50-54.

[3] He J，Yu X. Conditions for the convergence of evolutionary algorithms[J]. Journal of Systems Architecture，2001，47(7)：601-612.

[4] Zhan Z，Zhang J. Enhance differential evolution with random walk[C]//Proceedings of the 14th Annual Conference Companion on Genetic and Evolutionary Computation，2012：1513,1514.

[5] Wang Y，Cai Z X，Zhang Q F. Differential evolution with composite trial vector generation strategies and control parameters[J]. Evolutionary Computation，IEEE Transactions on，2011,15(1)：55-66.

[6] Hu Z B，Xiong S W，Su Q H，et al. Finite Markov chain analysis of classical differential evolution algorithm[J]. Journal of Computational and Applied Mathematics，2014,268：121-134.

第 4 章　差分演化算法的依概率收敛模式及辅助算子

基本的差分演化算法不能确保全局收敛,但若改进的差分演化算法的繁殖操作满足结论 3.1 或者结论 3.2 的条件,则改进的差分演化算法依概率全局收敛。本章围绕收敛差分演化算法的设计展开如下工作。

① 建立一个依概率收敛的差分演化算法模式。

② 证明几个常用的繁殖算子在该模式下能辅助算法收敛。

③ 数值实验分析常用繁殖算子的辅助效率。

4.1　一个依概率收敛的差分演化算法模式

定义 4.1(辅助收敛_变异算子)　变异算子称为辅助收敛_变异算子,若算子满足以下条件。

① 存在种群序列 $\{X(t)\,|\,t=0,1,\cdots\}$ 的某个子序列种群 $\{X(t_k)\,|\,k=0,1,\cdots\}$,算子至少以大于 0 的概率作用在每个子种群 $X(t_k)$ 中的一个个体上。

② 记 y_k 是算子作用在子种群 $X(t_k)$ 中的某一个体上产生的新个体,y_k 进入全局最优解区域 B_δ^* 的概率大于 0,即

$$p\{y_k \in B_\delta^*\} \geqslant \zeta(t_k) > 0$$

且无穷级数 $\sum\limits_{k=1}^{+\infty} \zeta(t_k)$ 发散。

依概率收敛差分演化算法(convergent differential evolution,CDE)流程。

Step1,(初始化)初始化种群规模(population size,N),个体维数(individual dimension,D),变异因子(mutation factor,F),交叉概率(crossover probability,CR);初始化种群 $X^t=(\boldsymbol{x}_1^t,\boldsymbol{x}_2^t,\cdots,\boldsymbol{x}_N^t)$。这里迭代次数 $t=0$,表示第 0 代的初始化种群;$\boldsymbol{x}_i^t,i=1,2,\cdots,N$ 表示第 t 代的第 i 个个体,每个个体都是 D 维向量。

Step2,(繁殖)通过繁殖操作为每个目标种群 $X(t)$ 产生对应的实验向量种群 $U(t)$。

Step2.1,(辅助收敛_变异)若算法满足给定的条件,在种群个体上执行辅助收敛_变异,转 Step3;否则,顺序执行 Step2.2。

Step2.2,(经典变异)算法通过常用的经典变异操作为每个个体产生一个对应的捐助向量 $\boldsymbol{v}$。

Step2.3,(交叉)接下来,算法通过目标向量和捐助向量之间的交叉操作为每

个目标个体产生一个实验向量 u，差分演化算法经典的交叉操作有指数交叉和二项式交叉。最常用的二项式交叉可表示为

$$u_{i,j}^t=\begin{cases}v_{i,j}^t, & \mathrm{rand}(0,1)\leqslant\mathrm{CR}\ 或\ j=j_{\mathrm{rand}}\\ x_{i,j}^t, & 其他\end{cases}$$

其中，$j=1,2,\cdots,D$；CR 是算法的第二个经验参数，一般在 $(0,1)$ 取值；$\mathrm{rand}(0,1)$ 是在 $[0,1]$ 服从均匀分布的随机数；j_{rand} 是 1 和 D 之间的一个随机整数，保证至少在某一维上实施交叉操作。

Step3，（选择）差分演化算法通过在目标向量和实验向量之间实施贪婪的选择操作来产生下一代种群，选择操作（针对最小化问题）可以表示为

$$x_i^{t+1}=\begin{cases}u_i^t, & f(\vec{u}_i^t)<f(\vec{x}_i^t)\\ x_i^t, & 其他\end{cases}$$

其中，$f(\cdot)$ 是最小化问题的目标函数值。

Step4，（终止）循环执行 Step2 和 Step3，直至达到设定的循环终止条件时，终止循环，输出最优结果。常用的终止条件有两种，一是设定最大迭代次数，二是设置精度水平。

算法注解。

算法流程中 Step2.1 运用辅助收敛_变异算子，根据辅助收敛_算子的定义，结合差分演化算法收敛的充分条件 3.2，容易证明算法是依概率收敛的。

4.2　辅助差分演化算法收敛的常用繁殖算子

在上述收敛差分演化算法模式下，演化算法中一些常用的繁殖算子能够辅助差分演化算法依概率收敛，如均匀变异算子、高斯变异算子。

4.2.1　均匀变异算子

均匀变异算子[1]在解空间随机产生服从均匀分布的个体 ξ 代替原个体 x，假设解空间 ϕ 是 D 维单位超立方体 I^D，则 ξ 的密度函数可以表示为

$$p_\xi(x)=\begin{cases}1, & x\in I^D\\ 0, & 其他\end{cases}$$

因此，可计算 ξ 进入任意给定非 0 测度区域 S 的概率，即

$$p\{\xi\in S\}=\int_S p_\xi(x)\mathrm{d}m=\mu(S)>0$$

其中，$\mu(S)$ 表示区域 S 的测度。

结论 4.1（均匀变异算子能辅助算法收敛）　假设 CDE 模式 Step2.1 从种群中任取 $k(0<k<N)$ 个个体进行均匀变异，且每个个体进行均匀变异的概率是

$P_c(P_c>0)$，算法 CDE 模式能确保依概率收敛。

　　证明：这里的 CDE 模式沿用基本差分演化算法的父子竞争选择操作，该选择操作可以贪婪的保持当代种群中的最优个体进入下一代。因此，根据差分演化算法收敛的充分条件（结论 4.1）知，要证明算法收敛只需证明在繁殖算子的作用下，目标个体进入最优解区域的概率足够大。

　　CDE 模式的繁殖操作有两部分组成，一部分是辅助收敛_变异算子，另一部分是经典变异＋交叉。因此，在繁殖操作下目标个体进入最优解区域 B_δ^* 的概率，不小于在单独的辅助收敛_变异算子操作下目标个体进入最优解区域 B_δ^* 的概率。

　　在辅助收敛_变异算子操作下目标个体进入最优解区域 B_δ^* 的对立事件是：在该操作下产生的个体 ξ 未进入最优解区域 B_δ^*，概率是 $(1-p\{\xi\in B_\delta^*\}\cdot P_c)$；经 k 次辅助收敛_变异算子操作，没有一个个体进入最优解区域 B_δ^* 的概率是 $[1-p\{\xi\in B_\delta^*\}\cdot P_c]^k$。

　　对立事件是经 k 次均匀变异算子操作，至少一个个体进入最优解区域 B_δ^*，该事件的概率是 $P_{1\to B}$，则

$$P_{1\to B}\geqslant 1-[1-p\{\xi\in B_\delta^*\}\cdot P_c]^k$$
$$=1-[1-\mu(B_\delta^*)\cdot P_c]^k>0$$

在结论 3.1 中，令

$$\zeta(t_k)\equiv 1-[1-\mu(B_\delta^*)\cdot P_c]^k$$

则级数 $\sum\limits_{k=1}^{+\infty}\zeta(t_k)$ 显然发散，根据结论 3.1 知结论 4.1 成立。

4.2.2　高斯变异算子

　　高斯变异算子[2,3]通过在解空间上产生服从正态分布的随机噪声 η 扰动原个体 x 得到新个体 $\tilde{x}$，即

$$\tilde{x}=x+\eta$$

其中，η 是以 0 为均值、σ 为方差的服从 D 维正态分布的随机向量。

　　密度函数可以表示为

$$p_\eta(y)=\left[\frac{1}{\sigma\sqrt{2\pi}}\right]^D\cdot\prod_{i=1}^D\exp\left(\frac{-y_i^2}{2\sigma^2}\right)$$
$$=\left[\frac{1}{\sigma\sqrt{2\pi}}\right]^D\cdot\exp\left(-\sum_{i=1}^D\frac{y_i^2}{2\sigma^2}\right)$$

　　假设 CDE 模式在 Step2.1 中使用高斯变异操作，则产生的新个体 $\tilde{x}$ 落在最优解区域 B_δ^* 的概率为

$$p\{\tilde{x}\in B_\delta^*\}=\int_S p_\eta(y)\mathrm{d}m$$

其中,$S = \{z - x \mid z \in B_\delta^*\}$。

假设解空间 ψ 是 D 维单位超立方体 I^D,若 $x \in I^D$,则 $S \subseteq [-1,1]^D$,因此有

$$p_\eta(y) \geqslant \left[\frac{1}{\sigma\sqrt{2\pi}}\right]^D \cdot \exp\left(-\frac{D}{2\sigma^2}\right), \quad \forall y \in S$$

进而,可推出 $\tilde{x}$ 落在最优解区域的概率,即

$$p\{\tilde{x} \in B_\delta^*\} \geqslant \mu(B_\delta^*) \cdot \left[\frac{1}{\sigma\sqrt{2\pi}}\right]^D \cdot \exp\left(-\frac{D}{2\sigma^2}\right)$$

$$= \mu(S) \cdot \left[\frac{1}{\sigma\sqrt{2\pi}}\right]^D \cdot \exp\left(-\frac{D}{2\sigma^2}\right)$$

$$> 0$$

假设从种群中任取 $k(0 < k < N)$ 个个体进行高斯变异,且每个个体进行均匀变异的概率是 $P_c(P_c > 0)$,同理可得,经 k 次高斯变异算子操作,至少一个个体进入最优解区域 B_δ^* 的概率 $P_{1 \to B}$ 为

$$P_{1 \to B} \geqslant 1 - [1 - p\{\tilde{x} \in B_\delta^*\} \cdot P_c]^k$$

$$> 1 - \left[1 - \mu(B_\delta^*) \cdot \left[\frac{1}{\sigma\sqrt{2\pi}}\right]^D \cdot \exp\left(-\frac{D}{2\sigma^2}\right)\right]^k$$

$$> 0$$

因此,令

$$\zeta(t_k) = 1 - \left[1 - \mu(B_\delta^*) \cdot \left[\frac{1}{\sigma\sqrt{2\pi}}\right]^D \cdot \exp\left(-\frac{D}{2\sigma^2}\right)\right]^k$$

根据结论 3.1 即可得到结论 4.2。

结论 4.2(高斯变异算子能辅助算法收敛) 假设 CDE 模式 Step2.1 从种群中任取 $k(0 < k < N)$ 个个体进行高斯变异,且每个个体进行均匀变异的概率是 P_c($P_c > 0$),算法 CDE 模式能确保依概率收敛。

结论注解。

① 注意到在结论 3.1 和 3.2 中,给定了 CDE 模式运用变异算子的方式。事实上,不难发现若只需要保证算法的收敛性,运用变异算子的方式是灵活的,例如可以以概率 1 变异种群中的一个最差个体。

② 在 CDE 模式中,使用变异算子的概率 P_c 越大,种群的多样性越强,全局搜索能力增强,算法从局部最优解中跳出的能力越强。同时,算法的全局搜索能力的单方面增强会破坏算法求全与求精能力的平衡,在高维复杂优化问题时,解空间的增大更加突显出不平衡带来的负面影响。

4.3　常用繁殖算子的辅助效率测试

依概率全局收敛的算法虽然不能确保在有限步内找到全局最优解,但一般而

言,具有相对较强的稳健性。在上述 CDE 模式中,这种稳健性的增强归因于辅助收敛_变异算子带来的跳出局部最优的能力。数值实验结果表明,对于低维优化问题,常用繁殖算子在 CDE 模式下能够辅助算法跳出局部最优,找到全局最优解;在高维优化问题上,常用繁殖算子的辅助效率降低,在合理的时间内很难找到满意解。

4.3.1　实验设计与实验参数设置

实验分两部分进行,一是在两个极易使差分演化算法陷入局部最优的低维函数上进行,二是在 CEC 2005 的标准测试函数集上求解十维优化问题。

考虑到简单的低维函数,基本差分演化算法就可以很快找到全局最优解,因此在简单低维函数上,不能体现出收敛差分演化算法的优势。参考文献[4],[5]的结果表明,基本差分演化算法在欺骗函数和 Rasrigin 函数的求解效果较差,因此选定这两个函数代表低维函数测试算法性能。2.5 节给出了欺骗函数的数学表达式和函数图形,该函数在 $x=-5.0$ 处取得最小值 -3,函数还存在一个欺骗最小值点 $x=8.5060$,对应的函数值是 -2.9160。二维 Rastrigin 函数的表达式为

$$f(x) = 20 + \sum_{i=1}^{2} (x_i^2 - 10 \cdot \cos(2\pi x_i)), \quad x_i \in [-5.12, 5.12]$$

该函数在点 $x=(0,0)$ 处取得最小值 0,在解空间上存在很多局部最优值点。

实验比较了 5 个基本差分演化算法与辅助了均匀变异算子的收敛差分演化算法的效果。收敛差分演化算法用一种简单的方式使用均匀变异算子作为辅助收敛_变异,算法以概率 1 均匀变异每代种群中的一个最差个体。所有实验独立运行50 次,当算法达到给定的固定精度水平或者达到最大函数估值次数 FEs 时,终止循环,输出达到固定精度水平时的函数评估次数。

算法其他实验参数设置如下,种群规模 $N=8\times D$,变异因子 $F=0.5$,交叉概率 $CR=0.9$,固定精度水平 $Ter\_Err=1E-12$,最大函数估值次数 $Max\_FEs=5E-6$,其中 $1E-12$ 表示 1.0×10^{-12},$5E-6$ 表示 5.0×10^{-6}。

4.3.2　实验结果与分析

1. 低维函数

表 4.1 记录了 5 组共 10 个算法在欺骗函数上的运行结果,例如第一列给出的是 DE/best/1 达到固定精度水平($Ter\_Err=1E-12$)所需的函数估值次数 FEs,第二列给出的是对应的收敛算法 CDEum/best/1 达到固定精度水平所需的函数估值次数;接下来的各列依次给出的是 DE/rand/1、CDEum/rand/1、DE/cur-to-best/1、CDEum/cur-to-best/1、DE/best/2、CDEum/best/2、DE/rand/2 和 CDE-um/rand/2 算法的运行结果。表中,"—"表示在最大函数估值次数($Max\_FEs=$

5E-6)内未能得到满足固定精度水平的解。与表 4.1 类似,表 4.2 记录了 5 组共 10 个算法在二维 Rastrigin 函数上的运行结果。

表 4.1 算法在欺骗函数上达到固定精度水平所需的函数估值数(FEs)

best/1		rand/1		cur-to-best/1		best/2		rand/2	
DE	CDEum	DE	CDEum	DE	CDEum	DE	CDEum	DE	CDEum
176	192	272	416	448	824	264	384	392	632
—	4240	—	184 032	—	3328	—	424	560	504
—	147 504	—	3920	—	2160	272	744	560	504
—	500 832	304	464	—	1384	—	1808	336	1296
—	26200	—	312	—	560	—	1552	536	600
—	163 976	448	6248	—	1360	—	320	—	808
—	1568	368	592	—	464	296	312	472	888
—	200	368	727 168	—	2944	—	464	560	936
—	5448	320	312	592	664	392	912	424	472
—	66 712	—	312	—	22 736	304	392	—	768
—	98 824	320	5040	—	520	272	1448	352	744
—	82 080	—	177 312	344	240	—	416	504	648
—	50 208	288	520	592	4272	—	368	—	800
—	5408	272	320	—	824	272	408	360	704
—	3096	352	400	416	976	288	344	576	680
—	152 256	304	352	—	832	288	320	—	528
—	1410 000	—	312	—	4200	—	3592	432	624
—	312 624	256	312	—	1192	288	256	480	672
—	370 328	224	508 880	—	1232	—	608	—	672
—	176	256	2144	—	1328	272	2600	368	784
—	205 016	—	632 248	—	1240	312	352	376	592
184	168	328	360	672	376	328	464	392	720
—	607 768	312	688	—	2888	—	416	408	672
—	2200	—	2240	—	632	—	464	352	896
—	184 240	—	1312	536	752	312	520	472	1080
160	406 128	—	448	552	408	368	360	—	672
—	268 560	—	817 456	—	9792	—	2456	448	560
—	295 208	—	360	—	1128	—	776	352	744
—	38 936	336	336	—	672	—	416	—	728

best/1		rand/1		cur-to-best/1		best/2		rand/2	
DE	CDEum	DE	CDEum	DE	CDEum	DE	CDEum	DE	CDEum
—	160	296	402 096	472	512	208	328	496	784
—	126 144	—	368	—	520	336	4360	—	576
—	759 336	312	184 160	752	2456	—	376	—	840
—	292 232	304	2064	392	680	—	480	320	5032
—	24 032	—	336	632	936	272	2088	352	656
—	240	—	107 664	—	2456	272	2696	456	552
—	555 152	—	1432	—	1008	320	1096	336	1664
168	265 536	264	105 600	—	352	232	512	—	752
168	2256	296	1864	—	1680	360	352	384	760
—	55 616	280	320	—	20 664	—	904	—	832
—	1 110 000	336	248	—	592	—	376	352	824
176	263 744	—	11 136	—	800	408	448	616	69 016
—	123 896	352	400	456	2168	264	960	536	592
—	200	352	1456	288	672	288	384	544	792
—	784 008	304	238 752	—	1368	320	5320	520	2536
—	164 408	—	29 432	—	1072	304	1248	488	584
208	252 816	—	4216	392	704	—	568	496	536
—	2088	—	3200	432	560	280	440	576	536
—	542 560	—	312	616	472	440	368	—	848
192	1768	—	80 536	—	640	—	432	—	672
—	743 632	304	320	—	592	—	2976	408	680

注:"—"表示在最大函数估值数(Max_FEs)范围内未能得到满足固定精度水平的解。

表 4.2　算法在二维 Rastrigin 函数上达到固定精度水平所需的函数估值数(FEs)

best/1		rand/1		cur-to-best/1		best/2		rand/2	
DE	CDEum	DE	CDEum	DE	CDEum	DE	CDEum	DE	CDEum
—	103 376	—	1680	1184	824	1088	1232	2000	2400
—	1 600 000	1392	1472	1408	3328	976	1392	2112	2432
560	1 190 000	1664	1424	1264	2160	1264	1392	1584	2512
—	942 224	—	1200	1392	1384	1168	1280	1936	2176
—	672	1440	1584	1280	560	1136	1280	1792	2480
—	452 064	1696	1600	1184	1360	1120	1312	1856	2304
560	624	1536	1456	1600	464	1088	1184	2000	1792

续表

best/1		rand/1		cur-to-best/1		best/2		rand/2	
DE	CDEum	DE	CDEum	DE	CDEum	DE	CDEum	DE	CDEum
720	688	1424	1648	1280	2944	—	1472	—	2352
—	576	1296	1552	1312	664	—	1296	1920	2128
672	576	1184	1248	1184	22 736	1056	1296	1776	1936
—	198 368	1424	1424	2720	520	1072	1280	2176	2368
—	60 336	—	1856	1104	240	1200	1280	2000	2480
656	5.27E06	1424	1584	1136	4272	896	5840	1840	2304
—	267 360	1552	28 192	1376	824	1056	1056	1728	2288
—	3 160 000	1568	1344	1376	976	1136	1408	1792	2720
672	1 110 000	1296	1440	—	832	1136	1552	2416	2144
608	800	1408	1856	1200	4200	800016	1216	1936	2240
672	2 540 000	1600	1600	1456	1192	1088	1568	2112	2496
704	3 750 000	1536	3712	1184	1232	1168	1232	2096	2512
560	236 592	1328	1648	1344	1328	1072	1408	1904	2240
—	3 910 000	1536	1808	1952	1240	—	1328	2336	2368
—	241 776	1200	1872	1280	376	1216	1312	1744	2880
—	1072	1408	218 208	1344	2888	1152	1248	2000	2512
—	4 700 000	1520	1408	1232	632	1264	1152	1904	2464
—	8 200 000	1344	689 360	1136	752	1200	5568	1856	2352
—	640	1424	1488	1376	408	1184	1424	1808	2448
—	788 880	1344	3 490 000	1376	9792	1216	1424	2416	2512
576	656	1408	1168	1056	1128	1168	1296	1856	2240
640	560	1408	1536	1184	672	960	1344	1856	2432
—	2 740 000	1376	228 048	5136	512	1312	1312	1888	2512
—	672	1312	1520	1456	520	1232	1184	2112	2160
736	17 952	—	1584	1536	2456	1200	3504	1920	2560
592	1 870 000	1264	1536	1408	680	1296	1136	2000	2432
—	15 456	1328	24 288	1280	936	1296	1264	1856	2272
624	2 390 000	1232	1680	1264	2456	1136	1152	2144	2448
—	1 720 000	1264	1504	1040	1008	1264	1504	1776	2352
544	656	1440	1616	1184	352	944	1200	1824	2432
640	5 250 000	1296	1520	1184	1680	960	1360	2064	2048

续表

best/1		rand/1		cur-to-best/1		best/2		rand/2	
DE	CDEum	DE	CDEum	DE	CDEum	DE	CDEum	DE	CDEum
720	656	1600	2 270 000	1520	20 664	976	1296	1744	2080
672	4 950 000	1536	1392	1120	592	1056	1232	1904	2464
—	784	1472	1456	1344	800	1072	1168	1776	2176
528	1 180 000	1472	9 470 000	1472	2168	1280	12 944	1824	2672
640	576	1344	1648	1376	672	1056	10 960	1984	2528
624	9 540 000	1680	1360	1328	1368	1120	1248	1952	2768
720	87056	1568	1392	1376	1072	1104	1136	1776	2464
640	640	1280	1696	1344	704	1088	1264	2096	2368
576	1 860 000	1328	1344	1232	560	1232	1312	2000	2240
—	848	—	1504	1344	472	1200	1136	2080	2176
544	688	1600	1440	1344	640	1056	1216	2000	2544
640	9 400 000	1392	1408	1136	592	1056	1344	2096	2336

注:"—"表示在最大函数估值数(Max_FEs)范围内未能得到满足固定精度水平的解。

表 4.3 是对表 4.1 和表 4.2 的统计分析。第二～四列统计的是表 4.1 中在欺骗函数上的运行结果。第二列是总的独立运行次数,都是 50 次,第三列是 50 次运行中,算法的收敛次数,即算法在给定的最大函数估值次数内,能达到固定精度水平的次数,第四列是收敛的比例。第五～七列统计的是表 4.2 中在 Rastrigin 函数上的运行结果,统计量类同。统计结果反映如下两个事实。

表 4.3 表 4.1 和 4.2 的统计分析

	Deceptive 函数			Rastrigin 函数		
	运行次数	收敛次数	收敛比例	运行次数	收敛次数	收敛比例
DE/best/1	50	8	16%	50	27	54%
CDEum/best/1	50	50	100%	50	50	100%
DE/rand/1	50	28	56%	50	45	90%
CDEum/rand/1	50	50	100%	50	50	100%
DE/cur-to-best/1	50	17	34%	50	49	98%
CDEum/cur-to-best/1	50	50	100%	50	50	100%
DE/best/2	50	29	58%	50	47	94%
CDEum/best/2	50	50	100%	50	50	100%
DE/rand/2	50	37	74%	50	49	98%
CDEum/rand/2	50	50	100%	50	50	100%

① 50 次独立运行中,5 个基本 DE 算法在两个函数上不能确保收敛,收敛次

数小于 50、收敛比例小于 100%。

② 50 次独立运行中,5 个收敛的 DE 算法在两个函数上的收敛次数都达到了 50 次,收敛比例达到 100%。

这一统计结果表明,辅助了均匀变异算子的收敛差分演化算法在所给的测试函数上具有更强的稳健性。从图 4.1 和图 4.2 的分析可知,均匀变异算子通过增强算法跳出局部最优解的能力来提高算法的稳健性。

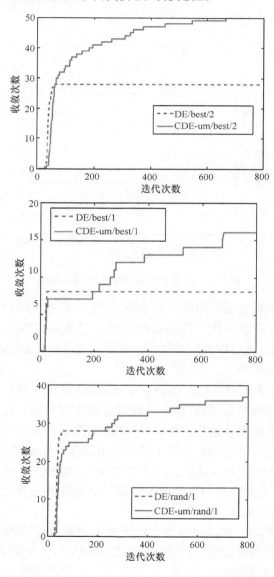

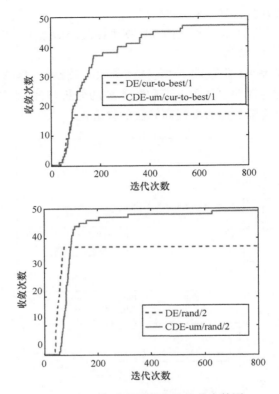

图 4.1　50 次独立运行中的收敛次数图

图 4.1 是 50 次独立运行的收敛次数图,横坐标是迭代次数,纵坐标是收敛次数,5 个分图分别对应着 5 组不同算法的比较。图形描述的是,在不同迭代次数时,各算法 50 次独立运行中收敛的次数。该图形能反映算法的收敛速度和收敛稳健性等特征,具体分析如下。

① 代表 5 个基本差分演化算法的 5 根蓝虚线,在后期都呈现出水平直线状,即在后期,随着迭代次数的增加,算法的收敛次数没有增加。这表明,在前期陷入局部最优后,无论算法继续迭代多少次,算法都不能跳出局部最优,即一旦陷入局部最优,基本差分演化算法的繁殖算子没有跳出局部最优的能力。

② 代表 5 个收敛差分演化算法的 5 根实线,一直呈阶梯形上升趋势,直到 50 次迭代全部收敛。这表明均匀变异算子能够辅助差分演化算法跳出局部最优,因此使算法的稳健性增强。

③ 在迭代前期,200 代以内观察到的虚线一般略高于实线,这表明前期在同样的迭代次数下,收敛差分演化算法比基本差分演化算法的收敛速度略慢。这表明由均匀变异增强种群多样性带来了负面影响。在低维函数上,负面影响甚微。

　　为了更清楚地显示均匀变异算子辅助算法跳出局部最优的过程,图 4.2 给出了在欺骗函数上某一次运行中函数值的变化过程,横坐标是迭代次数,纵坐标是函数的当前最优值。可见,虚线代表的基本差分演化算法陷入了函数值约为－2.68的局部最优解,随着迭代次数的增加,基本差分演化算法无法跳出局部最优;实线代表的收敛差分演化算法通过 3 次突跳,可以找到函数的全局最优解。

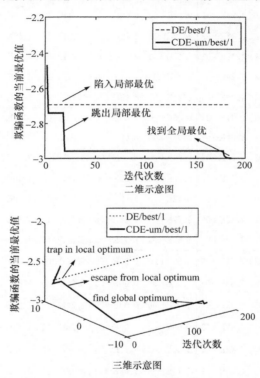

图 4.2　在欺骗函数上,某次运行的收敛图

2. 高维函数

　　与前面低维函数上的算法一样,收敛差分演化算法以概率 1 均匀变异每代种群中的一个最差个体,算法参数也与前面一样。所有实验在 CEC 2005 的测试函数集上独立运行 25 次,按照文献[6]的要求,表 4.4 和表 4.5 记录了在不同函数评估次数(function estimations,FEs)下 25 次运行中的最优解(1st)、排名第 7 的解(7th)、第 13 的解(13th)、第 19 的解(19th)、第 25 的解(25th),平均误差的均值(mean)和标准差(std.)。

表 4.4　DE/best/1 和 CDEum/best/1 在十维函数上的测试结果

FEs		DE	CDE	DE	CDE	DE	CDE	DE	CDE
		$f3$		$f4$		$f5$		$f6$	
5E+04	1st	3.73E−02	6.70E−01	0.00E+00	0.00E+00	0.00E+00	0.00E+00	0.00E+00	0.00E+00
	7th	9.91E+00	3.72E+01	0.00E+00	0.00E+00	0.00E+00	3.64E−12	0.00E+00	0.00E+00
	13th	3.99E+01	1.29E+02	0.00E+00	0.00E+00	3.64E−12	7.28E−12	0.00E+00	0.00E+00
	19th	1.50E+02	3.08E+02	7.39E−13	1.25E−08	7.28E−12	1.46E−11	3.99E+00	3.99E+00
	25th	2.55E+03	4.99E+03	1.17E+00	2.12E+01	1.38E−09	6.48E−10	3.99E+00	3.99E+00
	mean	3.19E+02	7.29E+02	4.93E−02	1.01E+00	7.17E−11	4.45E−11	1.91E+00	1.59E+00
	std.	6.99E+02	1.36E+03	2.28E−01	4.18E+00	2.72E−10	1.28E−10	1.99E+00	1.95E+00
1.0E+05	1st	3.81E−06	2.31E−04	0.00E+00	0.00E+00	0.00E+00	0.00E+00	0.00E+00	0.00E+00
	7th	6.21E−03	1.39E−02	0.00E+00	0.00E+00	0.00E+00	3.64E−12	0.00E+00	0.00E+00
	13th	2.92E−02	6.05E−02	0.00E+00	0.00E+00	3.64E−12	7.28E−12	0.00E+00	0.00E+00
	19th	2.03E−01	5.36E−01	0.00E+00	0.00E+00	7.28E−12	1.46E−11	3.99E+00	3.99E+00
	25th	1.54E+00	7.71E+01	4.42E−02	3.99E−07	1.38E−09	6.48E−10	3.99E+00	3.99E+00
	mean	2.55E−01	4.55E+00	1.77E−03	2.68E−08	7.17E−11	4.45E−11	1.91E+00	1.59E+00
	std.	4.14E−01	1.52E+01	8.67E−03	8.41E−08	2.72E−10	1.28E−10	1.99E+00	1.95E+00
1.5E+05	1st	5.17E−12	6.21E−09	0.00E+00	0.00E+00	0.00E+00	0.00E+00	0.00E+00	0.00E+00
	7th	1.77E−06	1.93E−05	0.00E+00	0.00E+00	0.00E+00	3.64E−12	0.00E+00	0.00E+00
	13th	2.91E−05	5.02E−04	0.00E+00	0.00E+00	3.64E−12	7.28E−12	0.00E+00	0.00E+00
	19th	2.99E−04	1.87E−03	0.00E+00	0.00E+00	7.28E−12	1.46E−11	3.99E+00	3.99E+00
	25th	1.95E−02	1.42E−01	4.34E−02	1.77E−08	1.38E−09	6.48E−10	3.99E+00	3.99E+00
	mean	1.05E−03	8.35E−03	1.74E−03	7.08E−10	7.17E−11	4.45E−11	1.91E+00	1.59E+00
	std.	3.79E−03	2.79E−02	8.51E−03	3.47E−09	2.72E−10	1.28E−10	1.99E+00	1.95E+00

FEs		DE	CDE	DE	CDE	DE	CDE	DE	CDE
		$f7$		$f8$		$f9$		$f10$	
5E+04	1st	1.97E−02	4.18E−02	2.02E+01	2.02E+01	7.96E+00	5.97E+00	5.97E+00	7.96E+00
	7th	1.01E−01	1.11E−01	2.05E+01	2.04E+01	1.39E+01	1.29E+01	1.69E+01	1.49E+01
	13th	1.75E−01	1.85E−01	2.05E+01	2.05E+01	1.79E+01	1.59E+01	2.09E+01	1.99E+01
	19th	3.42E−01	3.22E−01	2.05E+01	2.05E+01	1.89E+01	2.09E+01	2.89E+01	2.69E+01
	25th	6.50E−01	1.34E+00	2.07E+01	2.06E+01	2.69E+01	3.78E+01	4.38E+01	4.88E+01
	mean	2.28E−01	3.23E−01	2.05E+01	2.05E+01	1.69E+01	1.72E+01	2.28E+01	2.07E+01
	std.	1.67E−01	3.42E−01	9.78E−02	1.15E−01	4.69E+00	7.44E+00	9.52E+00	9.25E+00

续表

FEs		DE	CDE	DE	CDE	DE	CDE	DE	CDE
		$f7$		$f8$		$f9$		$f10$	
1.0E−05	1st	1.97E−02	4.18E−02	2.02E+01	2.02E+01	7.96E+00	5.97E+00	5.97E+00	7.96E+00
	7th	1.01E−01	1.11E−01	2.05E+01	2.03E+01	1.39E+01	1.29E+01	1.69E+01	1.49E+01
	13th	1.75E−01	1.85E−01	2.05E+01	2.04E+01	1.79E+01	1.59E+01	2.09E+01	1.99E+01
	19th	3.42E−01	3.22E−01	2.05E+01	2.05E+01	1.89E+01	2.09E+01	2.89E+01	2.69E+01
	25th	6.50E−01	1.34E+00	2.07E+01	2.06E+01	2.69E+01	3.78E+01	4.38E+01	4.88E+01
	mean	2.28E−01	3.23E−01	2.05E+01	2.04E+01	1.69E+01	1.72E+01	2.28E+01	2.07E+01
	std.	1.67E−01	3.42E−01	9.78E−02	1.21E−01	4.69E+00	7.44E+00	9.52E+00	9.25E+00
1.5E+05	1st	1.97E−02	4.18E−02	2.02E+01	2.02E+01	7.96E+00	5.97E+00	5.97E+00	7.96E+00
	7th	1.01E−01	1.11E−01	2.05E+01	2.03E+01	1.39E+01	1.29E+01	1.69E+01	1.49E+01
	13th	1.75E−01	1.85E−01	2.05E+01	2.04E+01	1.79E+01	1.59E+01	2.09E+01	1.99E+01
	19th	3.42E−01	3.22E−01	2.05E+01	2.05E+01	1.89E+01	2.09E+01	2.89E+01	2.69E+01
	25th	6.50E−01	1.34E+00	2.07E+01	2.07E+01	2.69E+01	3.78E+01	4.38E+01	4.88E+01
	mean	2.28E−01	3.23E−01	2.05E+01	2.05E+01	1.69E+01	1.72E+01	2.28E+01	2.07E+01
	std.	1.67E−01	3.42E−01	9.78E−02	1.21E−01	4.69E+00	7.44E+00	9.52E+00	9.25E+00

FEs		DE	CDE	DE	CDE	DE	CDE	DE	CDE
		$f11$		$f12$		$f13$		$f14$	
5E+04	1st	2.66E+00	1.92E+00	0.00E+00	0.00E+00	2.67E−01	4.74E−01	2.26E+00	2.06E+00
	7th	3.69E+00	3.54E+00	0.00E+00	0.00E+00	8.24E−01	1.02E+00	2.66E+00	3.00E+00
	13th	4.59E+00	4.30E+00	0.00E+00	0.00E+00	1.20E+00	1.18E+00	3.03E+00	3.32E+00
	19th	5.26E+00	5.24E+00	2.09E+01	1.00E+01	1.45E+00	1.64E+00	3.59E+00	3.52E+00
	25th	7.60E+00	7.21E+00	1.56E+03	1.56E+03	2.75E+00	2.56E+00	4.00E+00	3.98E+00
	mean	4.63E+00	4.33E+00	3.27E+02	2.42E+02	1.25E+00	1.30E+00	3.12E+00	3.19E+00
	std.	1.44E+00	1.35E+00	5.91E+02	5.52E+02	5.46E−01	5.48E−01	5.07E−01	4.70E−01
1.0E+05	1st	2.66E+00	1.92E+00	0.00E+00	0.00E+00	2.67E−01	4.74E−01	2.26E+00	2.06E+00
	7th	3.69E+00	3.54E+00	0.00E+00	0.00E+00	8.24E−01	1.02E+00	2.66E+00	3.00E+00
	13th	4.59E+00	4.30E+00	0.00E+00	0.00E+00	1.20E+00	1.18E+00	3.03E+00	3.32E+00
	19th	5.26E+00	5.24E+00	2.09E+01	1.00E+01	1.45E+00	1.64E+00	3.59E+00	3.52E+00
	25th	7.60E+00	7.21E+00	1.56E+03	1.56E+03	2.75E+00	2.56E+00	4.00E+00	3.98E+00
	mean	4.63E+00	4.33E+00	3.27E+02	2.42E+02	1.25E+00	1.30E+00	3.12E+00	3.19E+00
	std.	1.44E+00	1.35E+00	5.91E+02	5.52E+02	5.46E−01	5.48E−01	5.07E−01	4.70E−01

续表

FEs		DE	CDE	DE	CDE	DE	CDE	DE	CDE
		$f11$		$f12$		$f13$		$f14$	
1.5E+05	1st	2.66E+00	1.92E+00	0.00E+00	0.00E+00	2.67E−01	4.74E−01	2.26E+00	2.06E+00
	7th	3.69E+00	3.54E+00	0.00E+00	0.00E+00	8.24E−01	1.02E+00	2.66E+00	3.00E+00
	13th	4.59E+00	4.30E+00	0.00E+00	0.00E+00	1.20E+00	1.18E+00	3.03E+00	3.32E+00
	19th	5.26E+00	5.24E+00	2.09E+01	1.00E+01	1.45E+00	1.64E+00	3.59E+00	3.52E+00
	25th	7.60E+00	7.21E+00	1.56E+03	1.56E+03	2.75E+00	2.56E+00	4.00E+00	3.98E+00
	mean	4.63E+00	4.33E+00	3.27E+02	2.42E+02	1.25E+00	1.30E+00	3.12E+00	3.19E+00
	std.	1.44E+00	1.35E+00	5.91E+02	5.52E+02	5.46E−01	5.48E−01	5.07E−01	4.70E−01

表 4.5　DE/rand/1 和 CDEum/rand/1 在十维函数上的测试结果

FEs		DE	CDE	DE	CDE	DE	CDE	DE	CDE
		$f3$		$f4$		$f5$		$f6$	
5E+04	1st	1.29E−07	2.39E−08	0.00E+00	0.00E+00	9.33E−07	2.85E−06	2.33E−12	1.19E−12
	7th	4.41E−04	4.74E−02	0.00E+00	0.00E+00	1.32E−06	5.07E−06	6.72E−06	2.20E−05
	13th	1.05E−01	2.16E+00	0.00E+00	0.00E+00	2.15E−06	6.87E−06	4.18E−02	2.66E−02
	19th	5.51E+00	1.58E+01	0.00E+00	0.00E+00	3.12E−06	9.81E−06	2.98E−01	3.94E−01
	25th	2.96E+03	4.00E+03	0.00E+00	0.00E+00	1.74E−05	1.89E−05	2.01E+00	3.99E+00
	mean	1.53E+02	2.52E+02	0.00E+00	0.00E+00	3.35E−06	7.52E−06	2.59E−01	6.79E−01
	std.	5.81E+02	8.08E+02	0.00E+00	0.00E+00	3.59E−06	3.55E−06	4.80E−01	1.23E+00
1.0E+05	1st	6.25E−13	1.88E−12	0.00E+00	0.00E+00	0.00E+00	0.00E+00	0.00E+00	0.00E+00
	7th	2.66E−07	1.49E−04	0.00E+00	0.00E+00	0.00E+00	0.00E+00	0.00E+00	0.00E+00
	13th	1.07E−03	4.83E−02	0.00E+00	0.00E+00	0.00E+00	0.00E+00	0.00E+00	0.00E+00
	19th	4.54E−01	9.21E−01	0.00E+00	0.00E+00	0.00E+00	0.00E+00	0.00E+00	0.00E+00
	25th	1.63E+02	3.53E+03	0.00E+00	0.00E+00	0.00E+00	0.00E+00	2.16E−01	3.99E+00
	mean	1.46E+01	1.93E+02	0.00E+00	0.00E+00	0.00E+00	0.00E+00	8.66E−03	3.23E−01
	std.	4.27E+01	6.99E+02	0.00E+00	0.00E+00	0.00E+00	0.00E+00	4.24E−02	1.08E+00
1.5E+05	1st	0.00E+00	0.00E+00	0.00E+00	0.00E+00	0.00E+00	0.00E+00	0.00E+00	0.00E+00
	7th	7.25E−09	6.45E−06	0.00E+00	0.00E+00	0.00E+00	0.00E+00	0.00E+00	0.00E+00
	13th	4.65E−05	3.42E−03	0.00E+00	0.00E+00	0.00E+00	0.00E+00	0.00E+00	0.00E+00
	19th	9.85E−02	1.12E−01	0.00E+00	0.00E+00	0.00E+00	0.00E+00	0.00E+00	0.00E+00
	25th	6.38E+01	3.69E+02	0.00E+00	0.00E+00	0.00E+00	0.00E+00	0.00E+00	3.99E+00
	mean	2.76E+00	3.88E+01	0.00E+00	0.00E+00	0.00E+00	0.00E+00	0.00E+00	3.19E−01
	std.	1.25E+01	9.57E+01	0.00E+00	0.00E+00	0.00E+00	0.00E+00	0.00E+00	1.08E+00

续表

FEs		DE	CDE	DE	CDE	DE	CDE	DE	CDE
		$f7$		$f8$		$f9$		$f10$	
5E+04	1st	7.40E−03	0.00E+00	2.02E+01	2.03E+01	2.98E+00	2.58E+00	4.97E+00	8.84E+00
	7th	1.97E−02	1.72E−02	2.03E+01	2.04E+01	1.41E+01	1.17E+01	2.36E+01	2.23E+01
	13th	6.89E−02	3.20E−02	2.04E+01	2.04E+01	1.69E+01	1.55E+01	2.63E+01	2.59E+01
	19th	9.59E−02	5.41E−02	2.05E+01	2.05E+01	2.06E+01	1.84E+01	2.91E+01	2.89E+01
	25th	5.55E−01	4.24E−01	2.05E+01	2.06E+01	2.53E+01	2.17E+01	3.31E+01	3.39E+01
	mean	1.15E−01	6.22E−02	2.04E+01	2.04E+01	1.66E+01	1.47E+01	2.43E+01	2.55E+01
	std.	1.45E−01	9.85E−02	7.91E−02	7.26E−02	5.62E+00	4.89E+00	7.74E+00	5.51E+00
1.0E+05	1st	7.40E−03	0.00E+00	2.02E+01	2.02E+01	0.00E+00	0.00E+00	2.98E+00	2.20E+00
	7th	1.48E−02	1.72E−02	2.03E+01	2.03E+01	8.71E−09	1.92E−07	4.97E+00	4.75E+00
	13th	3.44E−02	2.71E−02	2.03E+01	2.04E+01	9.95E−01	9.95E−01	5.97E+00	8.49E+00
	19th	6.89E−02	4.43E−02	2.04E+01	2.04E+01	2.98E+00	3.80E+00	1.60E+01	1.94E+01
	25th	9.59E−02	6.65E−02	2.05E+01	2.05E+01	1.60E+01	1.26E+01	2.69E+01	3.15E+01
	mean	4.18E−02	3.10E−02	2.03E+01	2.03E+01	2.81E+00	2.64E+00	1.02E+01	1.20E+01
	std.	3.05E−02	1.83E−02	6.13E−02	7.57E−02	4.00E+00	3.79E+00	7.39E+00	9.07E+00
1.5E+05	1st	7.40E−03	0.00E+00	2.01E+01	2.01E+01	0.00E+00	0.00E+00	2.98E+00	1.49E+00
	7th	1.48E−02	1.72E−02	2.03E+01	2.03E+01	0.00E+00	0.00E+00	4.97E+00	3.98E+00
	13th	3.44E−02	2.71E−02	2.03E+01	2.03E+01	0.00E+00	0.00E+00	5.97E+00	5.97E+00
	19th	6.89E−02	4.43E−02	2.04E+01	2.04E+01	9.95E−01	9.95E−01	9.95E+00	9.95E+00
	25th	9.59E−02	6.65E−02	2.05E+01	2.05E+01	2.98E+00	1.99E+00	2.12E+01	1.93E+01
	mean	4.18E−02	3.10E−02	2.03E+01	2.03E+01	6.37E−01	3.58E−01	8.13E+00	7.67E+00
	std.	3.05E−02	1.83E−02	6.72E−02	7.33E−02	8.85E−01	5.54E−01	5.26E+00	5.05E+00

FEs		DE	CDE	DE	CDE	DE	CDE	DE	CDE
		$f11$		$f12$		$f13$		$f14$	
5E+04	1st	6.38E+00	4.48E−02	0.00E+00	0.00E+00	1.08E+00	1.85E+00	3.00E+00	3.14E+00
	7th	8.39E+00	8.49E+00	0.00E+00	5.68E−14	1.73E+00	2.13E+00	3.40E+00	3.51E+00
	13th	8.88E+00	9.07E+00	0.00E+00	5.71E−09	2.30E+00	2.30E+00	3.58E+00	3.62E+00
	19th	9.59E+00	9.41E+00	2.99E−03	1.88E+01	2.57E+00	2.49E+00	3.70E+00	3.76E+00
	25th	1.02E+01	1.05E+01	1.56E+03	1.35E+03	2.74E+00	2.72E+00	3.88E+00	4.01E+00
	mean	8.86E+00	8.36E+00	9.23E+01	1.41E+02	2.13E+00	2.31E+00	3.53E+00	3.61E+00
	std.	8.83E−01	2.25E+00	3.30E+02	3.82E+02	4.79E−01	2.41E−01	2.38E−01	2.14E−01

FEs		DE	CDE	DE	CDE	DE	CDE	DE	CDE
		$f11$		$f12$		$f13$		$f14$	
1.0E+05	1st	6.57E−06	0.00E+00	0.00E+00	0.00E+00	6.66E−01	5.91E−01	2.45E+00	2.31E+00
	7th	5.19E−01	8.45E−03	0.00E+00	0.00E+00	1.03E+00	8.37E−01	2.93E+00	3.06E+00
	13th	3.16E+00	1.58E+00	0.00E+00	0.00E+00	1.45E+00	1.30E+00	3.04E+00	3.21E+00
	19th	4.76E+00	6.66E+00	0.00E+00	1.88E+01	2.00E+00	2.09E+00	3.26E+00	3.35E+00
	25th	8.90E+00	9.28E+00	1.56E+03	1.35E+03	2.24E+00	2.36E+00	3.39E+00	3.78E+00
	mean	3.32E+00	3.20E+00	9.23E+01	1.41E+02	1.49E+00	1.43E+00	3.05E+00	3.21E+00
	std.	2.88E+00	3.45E+00	3.30E+02	3.82E+02	5.41E−01	6.50E−01	2.51E−01	2.92E−01
1.5E+05	1st	0.00E+00	0.00E+00	0.00E+00	0.00E+00	3.99E−01	4.14E−01	1.75E+00	1.91E+00
	7th	1.12E−02	0.00E+00	0.00E+00	0.00E+00	7.04E−01	6.42E−01	2.49E+00	2.69E+00
	13th	1.78E+00	9.84E−01	0.00E+00	0.00E+00	8.11E−01	7.67E−01	2.79E+00	2.90E+00
	19th	3.38E+00	2.71E+00	0.00E+00	1.88E+01	1.08E+00	1.03E+00	2.98E+00	3.22E+00
	25th	7.98E+00	6.66E+00	1.56E+03	1.35E+03	1.76E+00	2.07E+00	3.24E+00	3.52E+00
	mean	2.15E+00	1.66E+00	9.23E+01	1.41E+02	9.15E−01	9.05E−01	2.67E+00	2.88E+00
	std.	2.02E+00	1.93E+00	3.30E+02	3.82E+02	3.79E−01	4.23E−01	3.82E−01	4.18E−01

考虑到 DE/best/1 是 5 个基本差分演化算法中相对收敛速度最快的，DE/rand/1 是其中相对最稳健的算法，因此实验将这两个作为测试代表算法。测试函数只选择报道了较复杂的单峰函数（$f3$、$f4$ 和 $f5$）和所有基本多峰函数（$f6$～$f12$）、扩展多峰函数（$f13$ 和 $f14$）的结果。

表 4.4 是 DE/best/1 和 CDEum/best/1 的结果，表 4.5 是 DE/rand/1 和 CDEum/rand/1 的结果，表 4.6 是表 4.4 和表 4.5 的统计分析。可见，收敛算法的实验结果没有明显的改进，甚至在有些函数中 CDEum/rand/1 的结果比 DE/rand/1 的差。

实验数据比较的依据如下。

① 比较 FEs＝1.5E＋05 结果，比较的优先次序依次是 1st、mean 和 std，的值。

② 若在 FEs＝1.5E＋05 上的结果都相同，则比较 FEs＝1.0E＋05 的结果，比较的优先次序同上。

③ 若在上 FEs＝1.0E＋05 的结果也相同，则比较 FEs＝5.0E＋04 的结果，比较的优先次序同上。

表 4.6 表 4.4 和表 4.5 的统计分析

	$f3$	$f4$	$f5$	$f6$	$f7$	$f8$
. /best/1	−	+	+	+	−	−
. /rand/1	−	≈	−	−	+	−
	$f9$	$f10$	$f11$	$f12$	$f13$	$f14$
. /best/1	+	−	+	+		+
. /rand/1	+	+	+	−	−	−

注:表中"+、≈、−"分别表示收敛的算法比对应的原算法结果"好、近似、差"。

4.4 本 章 小 结

　　根据差分演化算法收敛的充分条件,本章设计了一个依概率收敛的差分演化算法模式,证明了均匀变异、高斯变异算子等常见繁殖算子在收敛模式下,能辅助差分演化算法依概率收敛。数值实验显示,在低维函数上,常用繁殖算子的辅助收敛效果明显,然而在高维问题上,算子的辅助收敛能力明显降低。

参 考 文 献

[1] Eshelman L J,Schaffer J D. Real-coded genetic algorithms and interval-schemata[J]. Foundations of Genetic Algorithms,1993,2:187-202.

[2] Dack T B,Hoffmeister F,Schwefel H P. A survey of evolution strategies[C]//Proceedings of the 4th International Conference on Genetic Algorithms,1991.

[3] Fogel D B. Evolutionary Computation:Toward A New Philosophy of Machine Intelligence[M]. New York:Wiley,2006.

[4] Yan J Y,Ling Q,Sun D M. A differential evolution with simulated annealing updating method[C]//International Conference on Machine Learning and Cybernetics,2006.

[5] Neri F,Tirronen V. Recent advances in differential evolution:a survey and experimental analysis[J]. Artificial Intelligence Review,2010,33(1-2):61-106.

[6] Ronkkonen J,Kukkonen S,Price K V. Real-parameter optimization with differential evolution [C]//Proc. IEEE CEC,2005,1:506-513.

第5章 依概率收敛差分演化算法的辅助算子设计

第4章给出了一个依概率收敛的差分演化算法模式,常用的繁殖算子(如均匀变异、高斯变异等)在该模式下能辅助算法收敛,在低维优化问题上,能较高效地辅助差分演化算法跳出局部最优,找到全局最优解。然而,在高维优化问题上的辅助效率急剧降低,收敛的算法很难在合理时间内找到满意解。原因在于,这些常用变异算子单方面增强了算法的求全能力,破坏了算法求全与求精能力的平衡,面对高维复杂优化问题时,解空间的增大更加突显了这种不平衡带来的负面影响。

本章针对该问题,设计了一个能辅助差分演化算法高效收敛的子空间聚类算子。为了说明算子的辅助效率,本章展开了如下几方面的研究。

① 设计子空间聚类算子。

② 分析子空间聚类算子在解空间上的撒点概率。

③ 数值实验模拟并统计分析算子的抽样特征。

④ 在第4章提出的收敛模式下,把子空间聚类算子与5个基本的差分演化算法相结合,并从理论上证明,改进的子空间聚类差分演化算法依概率收敛。

⑤ 在 CEC2005 的标准测试函数集上,测试改进算法的效率。

5.1 子空间聚类算子

全局收敛的差分演化算法引起越来越多学者的关注。收敛演化算法最常见的模式(如精英遗传算法)具有两个特征:一是算法种群具有遍历性,二是每一代种群的最优个体能够贪婪的幸存到下一代。考虑到基本差分演化算法的选择操作本身是贪婪的,能够复制当代种群中的最优个体到下一代,因此种群的遍历性是设计收敛差分演化算法的关键。本章我们给出一个辅助差分演化算法收敛的算子——子空间聚类算子(subspace clustering operator,SC_qrtop),数学表达式为

$$\text{SC\_qrtop}: \boldsymbol{v}_i = \boldsymbol{x}_{\text{qrtop}}^t + \text{rand}(0,1) \cdot (\boldsymbol{x}_{b1} - \boldsymbol{x}_{b2})$$

其中,$\boldsymbol{x}_{\text{qrtop}}^t$ 是从第 t 代种群的前 $q\%$ 的个体中随机抽样得到的个体,例如种群规模 NP=100,概率参数 $q=20$,则 $\boldsymbol{x}_{\text{qrtop}}^t$ 就是从种群中适应值排名前 20 的个体中随机选取的一个个体;$\boldsymbol{x}_{b1}$ 和 $\boldsymbol{x}_{b2}$ 是两个边界个体,边界个体是指向量的每一维元素等概率取得上、下边界值的个体,设 $\boldsymbol{x}_{b1}$ 的第 j 维元素是 $x_{b1,j}$,则 $x_{b1,j}$ 分别以 50% 的概率取得该维的上下边界值 U_j 和 L_j;rand(0,1)是[0,1]上的服从均匀分布的随机实数。

子空间聚类算子具有如下特征。

① 子空间聚类算子使得算法种群具有遍历性。事实上,该算子使得捐助向量 v_i 落在搜索空间的任意非零测度子区域的概率大于 0,因此使种群具有遍历性。

② 子空间聚类算子能够复制种群中的优秀个体 x_{qrtop}^t 到下一代。

③ 子空间聚类算子产生的个体优先落在一组以 x_{qrtop}^t 为中心的子空间上,呈现出较强的子空间聚类特征。这一特征加强了算法在优秀个体的正交子空间上的搜索能力。

④ 子空间聚类算子的程序实现简单,容易与基本差分演化算法相结合,且只是增加了几次随机数的产生操作,这不会带来太大的计算开销。

⑤ 上述特征①增强了算法的求全能力,特征②和③增强了算法的求精能力,提高了收敛速度,即子空间聚类算子本身在某种程度上平衡了求全与求精能力。

下面从理论上和数值模拟两方面分析该算子的特征,分析分为算子的概率分析、算子的统计分析和算子的实现技巧三部分。

5.1.1　子空间聚类算子的概率分析

1. 以个体为中心的生成子空间

定义 5.1[1]**（零子空间）**　在线性空间中,由单个零向量组成的子集合是一个线性子空间,称为零子空间。

定义 5.2[1]**（生成子空间）**　假设 $\alpha_1,\alpha_2,\cdots,\alpha_r$ 是线性空间 ψ 中的一组向量,这组向量所有可能的线性组合所组成的集合,即

$$S=\{v\,|\,v=k_1\cdot\alpha_1+k_2\cdot\alpha_2+\cdots+k_r\cdot\alpha_r\}$$

是非空的,而且对于数乘和加法运算是封闭的,因此集合 S 是 ψ 的一个子空间,称是由向量 $\alpha_1,\alpha_2,\cdots,\alpha_r$ 生成的子空间,记为 $S(\alpha_1,\alpha_2,\cdots,\alpha_r)$,这里 k_r 取任意实数。

在空间 ψ 中,任取一向量 $x=(x_1,x_2,\cdots,x_j,\cdots,x_D)$,则存在一组以 x 为中心生成子空间。

例 5.1　假设 $D=3$,ψ 是整个三维实空间,$x=(1,2,3)$,则存在这样一组正交向量 $x_1=(1,0,0)$,$x_2=(0,2,0)$,$x_3=(0,0,3)$,由这三个正交向量可以生成如下四个以 $x=(1,2,3)$ 为中心的、不同维数的子空间。

① 零子空间

$$S_0^3=\{\vec{v}\,|\,\vec{v}=\vec{x_1}+\vec{x_2}+\vec{x_3}\}$$

② 一维生成子空间（三个一维子空间的并集）

$$S_1^3=\{v\,|\,v=k_1\cdot x_1\ \text{或}\ v=k_2\cdot x_2\ \text{或}\ v=k_3\cdot x_3\}$$

③ 二维生成子空间（三个二维子空间的并集）

$$S_2^3=\{v\,|\,v=k_1\cdot x_1+k_2\cdot x_2\ \text{或}\ v=k_2\cdot x_2+k_3\cdot x_3\ \text{或}\ v=k_1\cdot x_1+k_3\cdot x_3\}$$

④ 三维生成子空间
$$S_3^3 = \{v \mid v = k_1 \cdot x_1 + k_2 \cdot x_2 + k_3 \cdot x_3\}$$

定义 5.3（$<j, j-1>$ 割集）　称 j 维子空间相对于 $(j-1)$ 维子空间的割集为 $<j, j-1>$ 割集，即属于任意的 j 维子空间，但不属于任一 $(j-1)$ 维子空间的元素的集合，简称为 x 的 $<j, j-1>$ 割集，记为 $S_{j/j-1}^D$。

在例 6.1 中，$S_{1/0}^3$ 表示的是属于上述一维子空间但不属于零子空间的点的集合，从几何上看，$S_{1/0}^3$ 对应的是过点 $x = (1, 2, 3)$ 分别平行于坐标轴的三条直线且去掉点 $x = (1, 2, 3)$ 的部分。同样，$S_{2/1}^3$ 表示的是属于上述二维子空间，但不属于一维子空间的点的集合，从几何上看，$S_{2/1}^3$ 对应的是过点 $x = (1, 2, 3)$ 分别平行于坐标面的三个平面且去掉 S_1^3 对应的三条直线的部分。同理，可以理解其他割集的意义。

2. 算子的子空间聚类概率

考虑子空间聚类算子 SC_qrtop，假设给定种群中的一优秀个体 x_{qrtop}，记该个体在子空间聚类算子 SC_qrtop 下产生的个体为 v_{SC}。用 $E_{j/j-1}^D$ 表示个体 v_{SC} 落在优秀个体 x_{qrtop} 的 $<j, j-1>$ 割集上这一概率事件，$P_{j/j-1}^D$ 表示 $E_{j/j-1}^D$ 发生的概率，考虑到不至于引起混淆，相应的简记为 E_j^D 和 P_j^D，这里 $j = 1, 2, \cdots, D$。特殊情况，用 E_0^D 和 P_0^D 分别表示个体落在零子空间上这一概率事件和概率。下面分三种情况讨论 v_{SC} 落在不同割集上的概率。

（1）搜索空间是一维的情况

此时 $D = 1$，以个体 x_{qrtop} 为原点建立坐标系，如图 5.1 所示，区域 A 中只包含一个点 x_{qrtop}，就是对应的零子空间，即
$$A = \{x \mid x = x_{\text{qrtop}}\}$$

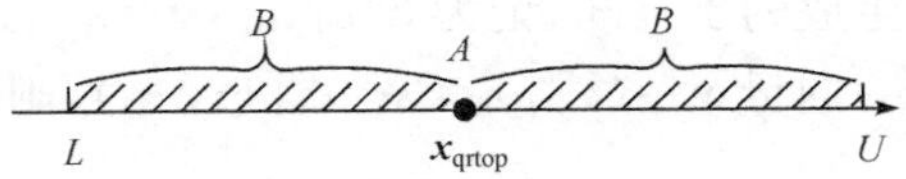

图 5.1　一维子空间聚类示意图（U、L 是上下边界值）

不难理解，区域 B 对应的是 x_{qrtop} 的 $<1, 0>$ 割集 $S_{1/0}^1$ 为
$$B = \{x \mid L \leqslant x \leqslant U \text{ and } x \neq x_{\text{qrtop}}\}$$

个体 v_{SC} 落在区域 A 上即是 $v_{\text{SC}} = x_{\text{qrtop}}$，即要求两个边界个体 x_{b1} 和 x_{b2} 相等，包括同时等于 0 和同时等于 1 的两种情况，因此可知个体落入该零子空间（区域 A）的概率 P_0^1 为
$$P_0^1 = P\{v_{\text{SC}} \mid v_{\text{SC}} = x_{\text{qrtop}}^t + \text{rand}(0, 1) \cdot (x_{b1} - x_{b2}) \text{ and } v_{\text{SC}} \in A\}$$
$$= P\{x_{b1} = L \text{ and } x_{b2} = L\} + P\{x_{b1} = U \text{ and } x_{b2} = U\}$$

$$=0.5 \times 0.5 + 0.5 \times 0.5$$
$$=0.5$$

同理,可以计算个体 $\pmb{v}_{\mathrm{SC}}$ 落在区域 B 上的概率 P_1^1,即

$$P_1^1 = P\{\pmb{v}_{\mathrm{SC}} \,|\, \pmb{v}_{\mathrm{SC}} = \pmb{x}_{\mathrm{qrtop}}^t + \mathrm{rand}(0,1) \cdot (\pmb{x}_{b1} - \pmb{x}_{b2}) \text{ 且 } \pmb{v}_{\mathrm{SC}} \in B\}$$
$$= P\{\pmb{x}_{b1} = L \text{ 且 } \pmb{x}_{b2} = U\} + P\{\pmb{x}_{b1} = U \text{ 且 } \pmb{x}_{b2} = L\}$$
$$= 0.5 \times 0.5 + 0.5 \times 0.5$$
$$= 0.5$$

(2) 搜索空间是二维的情况

此时 $D=2$,设向量 $\pmb{x} = (x_1, x_2)$,以个体 $\pmb{x}_{\mathrm{qrtop}}$ 为原点建立平面直角坐标系,如图 5.2 所示,C、D、E 分别对应着 $\pmb{x}_{\mathrm{qrtop}}$ 的零子空间、$<1,0>$ 割集和 $<2,1>$ 割集,即

$$C = \{\pmb{x} \,|\, \pmb{x} = \pmb{x}_{\mathrm{qrtop}}\}$$
$$D = \{\pmb{x} \,|\, (x_1 = \pmb{x}_{\mathrm{qrtop},1}, x_2 \neq \pmb{x}_{\mathrm{qrtop},2}) \text{ or} (x_1 \neq \pmb{x}_{\mathrm{qrtop},1}, x_2 = \pmb{x}_{\mathrm{qrtop},2})\}$$
$$E = \{\pmb{x} \,|\, x_1 \neq \pmb{x}_{\mathrm{qrtop},1}, x_2 \neq \pmb{x}_{\mathrm{qrtop},2}\}$$

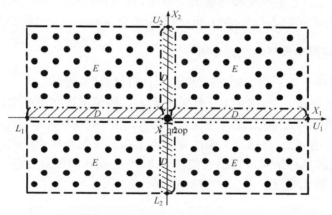

图 5.2　二维子空间聚类示意图(U_j, L_j 是第 j 维的上下边界值,$j=1,2$)

个体 $\pmb{v}_{\mathrm{SC}}$ 落在区域 C 上意味着在 x_1 轴上发生事件 E_0^1,同时在 x_2 轴上也发生事件 E_0^1,因此 $P_0^2 = P_0^1 \cdot P_0^1 = 0.5 \times 0.5 = 0.25$。

个体 $\pmb{v}_{\mathrm{SC}}$ 落在区域 D 上意味着在 x_1 轴上发生事件 E_0^1,同时在 x_2 轴上也发生事件 E_1^1,或者在 x_1 轴上发生事件 E_1^1,同时在 x_2 轴上也发生事件 E_0^1,因此

$$P_1^2 = P_0^1 \cdot P_1^1 + P_1^1 \cdot P_0^1$$
$$= 0.5 \times 0.5 + 0.5 \times 0.5$$
$$= 0.5$$

同理,可以计算 $\pmb{v}_{\mathrm{SC}}$ 落在区域 E 上的概率,即

$$P_0^2 = P_1^1 \cdot P_1^1 = 0.5 \times 0.5 = 0.25$$

（3）搜索空间是 D 维的情况

与 $D=2$ 情况类似，可以计算 v_{sc} 落在各维的子空间上的概率 $P_j^D(j=0,1,$ $2,\cdots,D)$ 如下，即

$$P_0^D=\mathrm{C}_D^D \cdot (P_0^1)^D \cdot (P_1^1)^0$$
$$P_1^D=\mathrm{C}_D^{D-1} \cdot (P_0^1)^{D-1} \cdot (P_1^1)^1$$
$$\cdots$$
$$P_j^D=\mathrm{C}_D^{D-j} \cdot (P_0^1)^{D-j} \cdot (P_1^1)^j$$
$$\cdots$$
$$P_D^D=\mathrm{C}_D^0 \cdot (P_0^1)^0 \cdot (P_1^1)^D$$

其中，C_D^j 是组合数，即

$$\mathrm{C}_D^j=\frac{D!}{(D-j)! \cdot j!}, \quad j=0,1,\cdots,D$$

特别的，我们注意到 P_0^D 和 P_D^D 总是相等的。事实上，P_0^D 是复制优秀个体 x_{qrtop} 到下一代的概率，P_D^D 是确保种群遍历的概率，这两者的相等暗含着子空间聚类算子 SC_qrtop 在求精能力（expoitation）和求全能力（exploration）的平衡。

5.1.2　子空间聚类算子的统计分析

对子空间聚类算子在下面三种情况进行统计抽样实验：

① 在二维空间上，对选定 1 个优秀个体 x_{qrtop} 的情况抽样 100 次。

② 在二维空间上，对选定 3 个优秀个体 x_{qrtop} 的情况抽样 300 次。

③ 在三维空间上，对选定 1 个优秀个体 x_{qrtop} 的情况抽样 300 次。

三种情况的抽样结果示意图对应图 5.3，可见抽样的散点在各个不同子空间上的聚类特征特别明显。

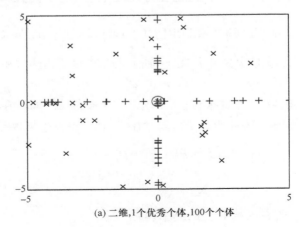

(a) 二维,1个优秀个体,100个个体

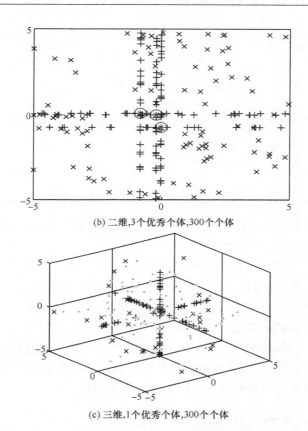

(b) 二维,3个优秀个体,300个个体

(c) 三维,1个优秀个体,300个个体

图 5.3　子空间聚类算子的统计抽样示意图

('。'表示优秀个体 x_{qrtop}；在图 5.3(a)和图 5.3(b)中 $*$, $+$, $\times$ 分别表示事件 E_0^3, E_1^3,
E_2^3；在图 5.3(c)中, $*$, $+$, $\cdot$, $\times$ 分别表示事件 E_0^3, E_1^3, E_2^3, E_3^3)

为了进一步明确算子赋予的这种聚类效果,我们给出更具体的数据统计。以三维空间上、1个优秀个体、抽样 300 次的情况为例,如表 5.1 所示,子空间距离算子产生的个体 v_{sc} 落在零子空间(E_0^3)、<1,0>割集(E_1^3)、<2,1>割集(E_2^3)和<3,2>割集(E_3^3)上点的个数分别是 36、128、105 和 31,对应的频率可以通过除以总的抽样次数 300 得出,即 12.0%、42.7%、35.0% 和 10.3%。

表 5.1　子空间聚类算子的统计分析表

事件	优秀个体个数	抽样次数	事件发生次数	事件发生频率	事件发生概率
E_0^2			28	28.0%	0.25
E_1^2	1	100	44	44.0%	0.50
E_2^2			28	28.0%	0.25

事件	优秀个体个数	抽样次数	事件发生次数	事件发生频率	事件发生概率
E_0^2			79	26.3%	0.25
E_1^2	3	300	129	43.0%	0.50
E_2^2			92	30.7%	0.25
E_0^3			36	12.0%	0.125
E_1^3	1	300	128	42.7%	0.375
E_2^3			105	35.0%	0.375
E_3^3			31	10.3%	0.125

根据 5.1.1 节给出的个体 v_{SC} 落在各个区域上的概率计算公式，可以计算出在理论上 v_{SC} 落在上述四个区域上的概率，即

$$P_0^3 = C_3^3 \cdot (P_0^1)^3 \cdot (P_1^1)^0 = 1 \times 0.5^3 \times 0.5^0 = 0.125$$
$$P_1^3 = C_3^2 \cdot (P_0^1)^2 \cdot (P_1^1)^1 = 3 \times 0.5^2 \times 0.5^1 = 0.375$$
$$P_2^3 = C_3^1 \cdot (P_0^1)^1 \cdot (P_1^1)^2 = 3 \times 0.5^1 \times 0.5^2 = 0.375$$
$$P_3^3 = C_3^0 \cdot (P_0^1)^0 \cdot (P_1^1)^3 = 3 \times 0.5^0 \times 0.5^3 = 0.125$$

概率依次是 0.125、0.375、0.375 和 0.125，列在表 5.1 中的最后一列。与数值实验的抽样频率相近，可以从数值模拟上支持前面理论推导所得的结论：子空间聚类算子产生的个体在这些特殊子空间上具有聚类特征。

5.1.3　子空间聚类算子的程序实现

每调用一次子空间聚类算子，增加的计算开销很小，仅只是增加一次数乘和一些随机数的产生操作。

子空间聚类算子的程序实现流程如下。

Step1，在适应值排序前 $q\%$ 的个体中随机选取一个个体作为 x_{qrtop}。

Step2，确定两个边界个体 x_{b1} 和 x_{b2}。确定方式是对个体的每一维产生一个 $[0,1]$ 上服从均匀分布的随机数，若随机数不大于 0.5，则置该维为下边界；否则，该维取值为上边界。

Step3，产生一个 $[0,1]$ 上服从均匀分布的随机数 $rand(0,1)$。

Step4，执行子空间聚类算子，即 $v_{SC} = x_{qrtop} + rand(0,1) \cdot (x_{b1} - x_{b2})$。

由上述概率理论分析与统计数值实验可知，子空间聚类算子具有如下性质。

① 程序实现简单，额外计算开销小。

② 使算法种群具有遍历性。

③ 能复制种群最优解到下一代。

④ 偏好于在以优秀个体为中心的子空间上搜索。

⑤ 本身具有在求全能力和求精能力上的平衡性。

特别是,性质④表明子空间聚类算子对优秀个体的一种偏好搜索,这也是该算子与随机均匀重生操作的本质区别之一。

5.2　一类基于子空间聚类算子的收敛差分演化算法

本章采取依概率杂交的方式把子空间聚类算子融入到基本差分演化算法中,建立一个收敛的算法框架,称为基于子空间聚类的收敛差分演化算法(convergent differential evolution algorithm based on subspace clustering mutation,CDE / SC _qrtop)。

基于子空间聚类的收敛差分演化算法流程如下。

Step1,(初始化) 初始化种群中优秀个体的选取比例 $q\%$,初始化种群规模 N,个体维数 D,变异因子 F,交叉概率 CR,初始化种群 $X^t = (x_1^t, x_2^t, \cdots, x_N^t)$。这里迭代次数 $t=0$,表示第 0 代的初始化种群;$x_i^t (i=1, 2, \cdots, N)$表示第 t 代的第 i 个个体,每个个体都是 D 维向量。

Step2,(变异) 对种群中的每个个体依次产生一个在$[0, \lfloor N \cdot (1+q\%) \rfloor]$上服从均匀分布的随机整数。

Step2.1,(基本差分演化算法的变异) 若该随机整数小于 N,则把该随机整数赋予经典变异操作中的 $r1$,通过执行基本差分演化算法的变异操作产生捐助向量 v_i^t。最常用变异操作有 5 个,分别是 DE/rand/1、DE/best/1、DE/current-to-best/1、DE/best/2 和 DE/rand/2。

Step2.2,(子空间聚类变异) 若该随机整数大于等于 N,则对该个体执行子空间聚类算子变异产生捐助向量 v_i^t。

Step3,(交叉) 通过目标向量和捐助向量之间的交叉操作为每个目标个体产生一个实验向量 u,差分演化算法经典的交叉操作有指数交叉和二项式交叉。常用的二项式交叉可以表示为

$$u_{i,j}^t = \begin{cases} v_{i,j}^t, & \text{rand}(0,1) \leqslant \text{CR 或 } j = j_{\text{rand}} \\ x_{i,j}^t, & \text{其他} \end{cases}$$

其中,$j = 1, 2, \cdots, D$;CR 是算法的第二个经验参数,一般在 $(0,1)$ 上取值;rand$(0,1)$是在$[0,1]$上服从均匀分布的随机数;j_{rand}是 $1 \sim D$ 的一个随机整数,保证至少在某一维上实施交叉操作。

Step4,(选择) 差分演化算法通过在目标向量和实验向量之间实施贪婪的选择操作来产生下一代种群,选择操作(针对最小化问题)可以表示为

$$x_i^{t+1} = \begin{cases} u_i^t, & f(\vec{u}_i^t) < f(\vec{x}_i^t) \\ x_i^t, & \text{其他} \end{cases}$$

其中,$f(\cdot)$是最小化问题的目标函数值。

Step5,(终止) 循环执行 Step2～Step4,直至达到设定的循环终止条件时,终止循环,输出最优结果。常用的终止条件有两种,即设定最大迭代次数和设置精度水平。

算法注解。

① 在 Step2.1 中采取常用的 5 种不同的基本差分演化算法的变异操作,可以得到不同的算法,对应记为 CDE/SC_qrtop_rand/1、CDE/SC_qrtop_best/1、CDE/SC_qrtop_current-to-best/1、CDE/SC_qrtop_best/2 和 CDE/SC_qrtop_rand/2。

② Step2 中的$\lfloor N \cdot (1+q\%)\rfloor$可以理解为把种群扩充了 $q\%$,但事实上并没有增加算法种群规模,即这里并没有增加算法的空间复杂度。

③ Step2 中首先会产生一个随机整数,该操作可以理解为算法在每个个体上使用子空间聚类算法的概率,并且这里的使用概率被设置为 $q\%$(与优秀个体的选取概率是相等)。初步的数值实验表明,该经验参数取值在 15%～25%为宜。

④ Step2 中运用子空间聚类算子的方式满足 4.1 节依概率收敛差分演化算法的框架。下面给出相应的收敛性理论证明。

5.3　算法的收敛性证明

第 4 章给出了一个改进差分演化算法收敛的充分条件,进而给出充分条件的一个推论,接下来运用结论 4.2 证明基于子空间聚类差分演化算法的收敛性。

结论 5.1 (CDE/SC 能确保全局收敛)　基于子空间聚类的差分演化算法对连续优化问题能确保全局依概率收敛。

证明:由结论 3.1 和结论 3.2 可知,当改进的差分演化算法满足两个条件时,算法对连续优化问题能确保全局收敛,条件一是算法选择操作具有贪婪性,即算法能够复制当前最优个体到下一代种群;条件二是算法产生的每一代实验向量至少有一个向量落在最优解集拓展区域 B_δ^* 的概率大于某个大于 0 的常数。

如子空间聚类差分演化算法的算法流程 Step4 所示,显然算法的选择操作依然是基本差分演化算法的贪婪选择,因此能够保留当代最优解到下一代,满足条件一。

接下来分析算法是否满足条件二。由子空间聚类算子的概率分析可知,子空间聚类算子产生的个体 v_{SC} 落在任意子空间的概率都可以由下面公式计算,即

$$P_j^D = C_D^{D-j} \cdot (P_0^1)^{D-j} \cdot (P_1^1)^j, \quad j=0,1,2,\cdots,D$$

且由前面的推导知,P_0^1 和 P_1^1 都恒等于常数 0.5,而组合数是大于 1 的,可知

$$P_j^D \geqslant 0.5^D, \quad j=0,1,\cdots,D$$

事实上,这是子空间聚类算子使种群具有遍历性的理论本质。

考虑到子空间聚类算子在每个单独的子空间上,个体是服从均匀分布的,且算法对于每个目标个体,都以 $q\%$ 的概率执行子空间聚类算子,用 $\mu(\cdot)$ 表示集合的测度,则由该算子产生的个体落在最优解集拓展区域 B_δ^* 的概率为

$$P\{v_{SC}\in B_\delta^*\}\geqslant 0.5^D\cdot\frac{\mu(B_\delta^*)}{\mu(\psi)}\cdot q\%$$

因此,个体落在区域外的概率为

$$P\{v_{SC}\in\psi/B_\delta^*\}<1-0.5^D\cdot\frac{\mu(B_\delta^*)}{\mu(\psi)}\cdot q\%$$

其中,ψ 表示对于 B_δ^* 的补集。

进而,规模为 NP 的种群由子空间聚类算子产生的向量 v_{SC} 都不落在最优解集拓展区域的概率为

$$P\{v_{SC}\in\psi/B_\delta^*\}<\left(1-0.5^D\cdot\frac{\mu(B_\delta^*)}{\mu(\psi)}\cdot q\%\right)^{NP}<1$$

因此,其对立事件——种群中至少有一个个体落在最优解集拓展集上的概率为

$$P\{v_{SC}\in B_\delta^*\}\geqslant 1-\left(1-0.5^D\cdot\frac{\mu(B_\delta^*)}{\mu(\psi)}\cdot q\%\right)^{NP}>0$$

考虑整个算法,实验向量的产生策略有两个,一个是基本差分演化算法的变异交叉,另一个是子空间聚类算子,因此至少有一个实验向量落在最优解拓展集上的概率不小于概率 $P\{v_{SC}\in B_\delta^*\}$。

因此,我们只需令 $\zeta(t)\equiv 1-\left(1-0.5^D\cdot\frac{\mu(B_\delta^*)}{\mu(\psi)}\cdot q\%\right)^{NP}$ 即可满足上述条件二。

综上所述,基于子空间聚类的差分演化算法对连续优化问题能确保全局依概率收敛。

前面收敛性理论的证明表明,子空间聚类算子能够促使差分演化算法确保全局收敛,概率统计特征的分析表明子空间聚类算子与一般的随机均匀重生操作的本质区别为,该算子偏好于在以优秀个体为中心的子空间上搜索;能以较小的概率复制优秀个体到下一代种群,也能以同样的概率在整个搜索空间上均匀撒点,这两个概率的相同,也让该算子在某种程度上平衡了自身的求全和求精能力。不至于像一般的随机均匀重生操作一样,在盲目的增加种群多样性的同时也产生了众多劣质个体,因此导致随机均匀重生操作在理论上让算法收敛的同时却大大地降低了算法的收敛速度。

5.4　数值实验分析

子空间聚类算子对差分演化算法的改进效果如何,接下来我们比较 5 个基于子空间聚类算子的差分演化算法与相对应的基本差分演化算法的表现,比较实验在 CEC2005 的所有 25 个实参优化函数构成的标准测试函数集上进行。

5.4.1　测试函数集

CEC2005 标准测试函数集[2]由 5 个单峰函数和 20 个多峰函数组成,20 个多峰函数包括 7 个基本多峰函数、2 个扩展多峰函数和 11 个杂交组合多峰函数。

单峰函数(unimodal functions)

f_1:shifted sphere function

f_2:shifted schwefel's problem 1. 2

f_3:shifted rotated high conditioned elliptic function

f_4:shifted schwefel's problem 1. 2 with noise in fitness

f_5:schwefel's problem 2. 6 with global optimum on bounds

多峰函数(multimodal functions)

基本多峰函数(basic functions)

f_6:shifted rosenbrock's function

f_7:shifted rotated griewank's function without bounds

f_8:shifted rotated ackley's function with global optimum on bounds

f_9:shifted rastrigin's function

f_{10}:shifted rotated rastrigin's function

f_{11}:shifted rotated weierstrass function

f_{12}:schwefel's problem 2. 13

扩展多峰函数(expanded functions)

f_{13}:expanded extended griewank's plus rosenbrock's function (f8f2)

f_{14}:shifted rotated expanded scaffer's f6

杂交组合多峰函数(hybrid composition functions)

f_{15}:hybrid composition function

f_{16}:rotated hybrid composition function

f_{17}:rotated hybrid composition function with noise in fitness

f_{18}:rotated hybrid composition function

f_{19}：rotated hybrid composition function with a narrow basin for the global optimum

f_{20}：rotated hybrid composition function with the global optimum on the Bounds

f_{21}：rotated hybrid composition function

f_{22}：rotated hybrid composition function with high condition number matrix

f_{23}：non-continuous rotated hybrid composition function

f_{24}：rotated hybrid composition function

f_{25}：rotated hybrid composition function without bounds

CEC2005 标准测试函数集是在函数优化领域应用最广泛的函数集，函数集包含上述的 25 个最小化问题，在新加坡南洋理工大学 Suganthan 教授的主页[3]中提供了函数的 Matlab、C 和 Java 源代码，代码包含每个函数 2 维、10 维、30 维和 50 维的情况，其中还包含 25 个函数在 2 维情况下的图形代码。Suganthan 教授在 2005 年的报告[2]建议应用该函数集的方法之一是以给定的函数评估次数为算法终止条件，在函数测试集上独立运行待测试算法 25 次，记录 25 次运行中的最优解（1st）、排名第 7 的解（7th）、第 13 的解（13th）、第 19 的解（19th）、第 25 的解（25th）、平均误差的均值（mean）和标准差（std.）。应用该测试函数集的另一种方法是，Suganthan 报告中对每个函数给出一个优化要达到的固定精度，然后以给定的精度为算法终止条件，在测试函数集上独立运行待测试算法 25 次，然后分别记录耗费的函数评估次数。从近 10 年的函数优化研究来看，第一种方法应用的更广泛。

5.4.2　实验设计与参数设置

实验比较 5 个基于子空间聚类的差分演化算法与其对应的基本差分演化算法在 CEC2005 测试函数集上的表现，即比较实验分以下五对分别进行。

① CompTst1：CDE/SC_qrtop_best/1 与 DE/best/1。

② CompTst2：CDE/SC_qrtop_current-to-best/1 与 DE/ current-to-best/1。

③ CompTst3：CDE/SC_qrtop_best/2 与 DE/best/2。

④ CompTst4：CDE/SC_qrtop_rand/1 与 DE/rand/1。

⑤ CompTst5：CDE/SC_qrtop_rand/2 与 DE/rand/2。

所有的实验都独立运行 25 次，以给定的一个最大函数估值次数（Max_FEs）作为算法终止的条件，对于每个算法在每个函数上的实验结果，根据误差的大小，记录 25 次运行中的最优解（1st）、排名第 7 的解（7th）、第 13 的解（13th）、第 19 的解（19th）、第 25 的解（25th）、平均误差的均值（mean）和标准差（std.）。

　　所有算法的实验参数设置如下，种群规模 $N=60$、向量维数 $D=10$、变异因子 $F=0.6$、交叉概率 $CR=0.9$、最大函数估值次数 $\text{Max\_FEs}=1.5E5$、运用子空间聚类算子的概率（优秀个体的比例）$q\%=20\%$，其中 $1.5E+05$ 表示 1.5×10^5。25 次运行的最优解的平均值收敛如图 5.4 所示。

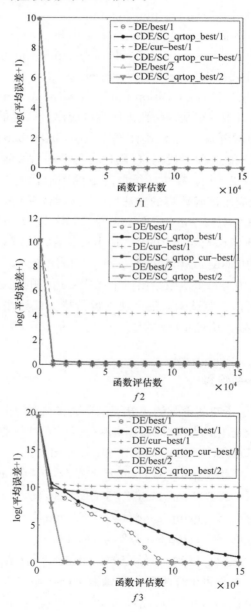

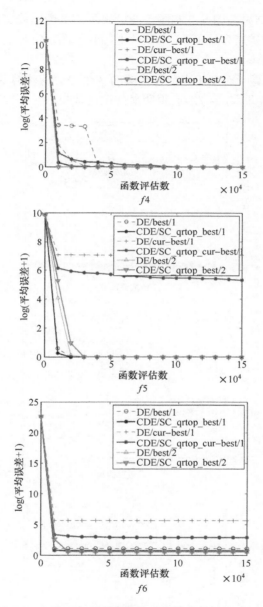

图 5.4　25 次运行的最优解的平均值收敛图($f1 \sim f6$)

5.4.3　实验结果与分析

表 5.2～表 5.6 分别记录了比较实验 1(CompTst1)～实验 5(CompTst1)的结果。表 5.7 是对表 5.2～表 5.6 的直观统计分析。表 5.8 给出了表 5.2～表 5.6

的符号检验分析的结果。图 5.5 和图 5.6 给出了前 3 个比较实验中全部 6 个算法
在单峰、基本多峰和扩展多峰等 14 个函数上的收敛图。宏观上分析实验数据可以
得到如下两条结论。

　　① 子空间聚类算子对基于当前最优解的 3 个差分演化算法（DE/best/1、DE/
current-to-best/1 和 DE/best/2）有很明显的改进效果。

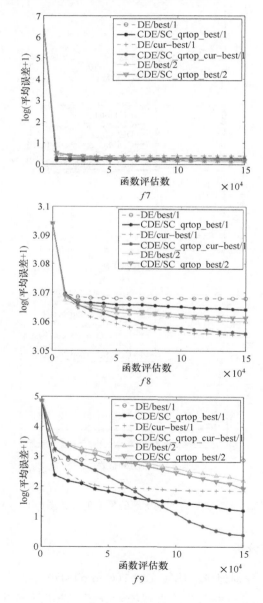

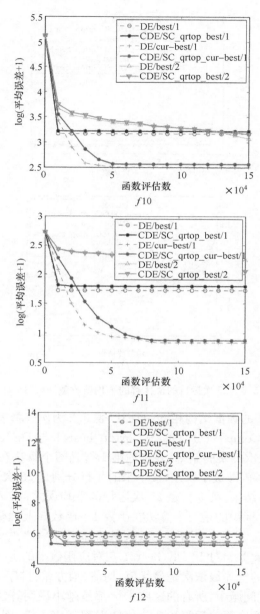

图 5.5　25 次运行的最优解的平均值收敛图(f7~f12)

　　② 子空间聚类算子对另外两个差分演化算法(DE/rand/1 和 DE/rand/2)有一定的改进,但改进效果不是很显著。

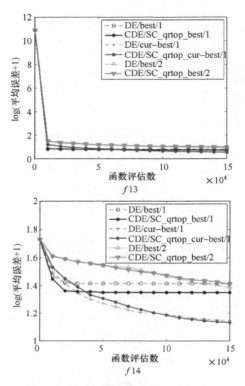

图 5.6　25 次运行的最优解的平均值收敛图(f13～f14)

　　表 5.2～表 5.6 的数据结构相同,我们以表 5.2 为例解释表格数据。表格 5.2 显示了比较实验 1(CompTst1)CDE/SC_qrtop_best/1 与 DE/best/1 在 25 个测试函数上独立运行 25 次的实验结果,表格的第 1 行是两个算法在函数 1～函数 5 上 25 次运行中的最优解,即最小误差;接下来的 4 行分别是 25 次运行中排序第 7、第 13、第 19 和第 25 的结果;第 6 行是 25 次运行的平均误差;第 7 行是标准差;表格第 8 行以"compare"标识的是两个算法在函数 1～函数 5 上优化效果的比较,依次给出的是"≈"、"≈"、"－"、"≈"和"＋",这里的标识符"＋"、"≈"和"－"分别表示算法 CDE/SC_qrtop_best/1 比 DE/best/1 在对应函数上的运行结果"好"、"近似"和"差"。比较判断的优先级依次是最优值、均值、均方差、排序第 7、第 13、第 19 和第 25 等。在最小化问题中,所有的这些指标都是越小说明算法的优化效果更好。例如,在函数 1 上,两个算法运行的 7 个值依次都对应相等,因此 compare 的结果是两算法效果近似,用"≈"标识;对于函数 5,算法 CDE/SC_qrtop_best/1 和 DE/best/1 运行的最优值分别是 2.11E-07 和 4.98E-07,前者的结果更好,因此表明前者的优化效果更好,因此 compare 的结果是 CDE/SC_qrtop_best/1 的效果更优,用"＋"标识。再如,在函数 12 上,两算法给出的最优结果都是"0.00E+00",

表 5.2 比较实验 1(CompTst1:CDE/SC_qrtop_best/1 与 DE/best/1)的实验结果

	f_1		f_2		f_3		f_4		f_5	
	DE	CDE/SC	DE	CDE/SC	DE	CDE/SC	DE	CDE/SC	DE	CDE/SC
1st	0.00E+00	0.00E+00	0.00E+00	0.00E+00	2.27E−13	3.12E−12	0.00E+00	0.00E+00	4.98E−07	2.10E−07
7th	0.00E+00	0.00E+00	0.00E+00	0.00E+00	2.21E−12	5.68E−12	0.00E+00	0.00E+00	8.50E−07	4.87E−07
13th	0.00E+00	0.00E+00	0.00E+00	0.00E+00	4.32E−12	1.25E−11	0.00E+00	0.00E+00	1.21E−06	6.51E−07
19th	0.00E+00	0.00E+00	0.00E+00	0.00E+00	8.92E−12	3.65E−11	0.00E+00	0.00E+00	2.00E−06	1.06E−06
25th	0.00E+00	0.00E+00	0.00E+00	0.00E+00	2.00E−11	5.69E−11	0.00E+00	0.00E+00	4.08E−06	4.00E−06
mean	0.00E+00	0.00E+00	0.00E+00	0.00E+00	6.20E−12	2.13E−11	0.00E+00	0.00E+00	1.56E−06	9.62E−07
std.	0.00E+00	0.00E+00	0.00E+00	0.00E+00	5.44E−12	1.82E−11	0.00E+00	0.00E+00	9.81E−07	8.11E−07
compare	≈		≈		−		≈		+	

	f_6		f_7		f_8		f_9		f_{10}	
	DE	CDE/SC	DE	CDE/SC	DE	CDE/SC	DE	CDE/SC	DE	CDE/SC
1st	0.00E+00	0.00E+00	3.78E−01	7.39E−03	2.02E+01	2.00E+01	1.39E+01	0.00E+00	2.00E+01	3.97E+00
7th	0.00E+00	0.00E+00	4.60E−01	1.10E−01	2.04E+01	2.01E+01	1.74E+01	2.77E−06	2.79E+01	5.54E+00
13th	0.00E+00	0.00E+00	4.92E−01	2.52E−01	2.05E+01	2.01E+01	2.04E+01	9.94E−01	3.02E+01	1.03E+01
19th	0.00E+00	0.00E+00	5.38E−01	3.18E−01	2.05E+01	2.02E+01	2.57E+01	1.98E+01	3.12E+01	1.50E+01
25th	0.00E+00	0.00E+00	6.15E−01	5.35E−01	2.06E+01	2.04E+01	2.99E+01	5.33E+00	3.92E+01	2.08E+01
mean	0.00E+00	0.00E+00	4.97E−01	2.27E−01	2.04E+01	2.02E+01	2.12E+01	1.23E+01	2.98E+01	1.06E+01
std.	0.00E+00	0.00E+00	6.02E−02	1.32E−01	9.78E−02	1.20E−01	4.52E+00	1.27E+01	4.10E+00	5.07E+00
compare	≈		+		+		+		+	

	f_{11}		f_{12}		f_{13}		f_{14}		f_{15}	
	DE	CDE/SC	DE	CDE/SC	DE	CDE/SC	DE	CDE/SC	DE	CDE/SC
1st	7.57E+00	3.26E−05	0.00E+00	0.00E+00	1.86E+00	3.67E−01	3.33E+00	1.79E+00	1.54E+02	0.00E+00
7th	8.79E+00	1.18E+00	0.00E+00	0.00E+00	2.07E+00	5.13E−01	3.57E+00	2.93E+00	2.09E+02	9.09E+00
13th	8.94E+00	1.50E+00	0.00E+00	0.00E+00	2.35E+00	6.46E−01	3.69E+00	3.32E+00	2.44E+02	5.81E+01
19th	9.25E+00	4.45E+00	2.27E−13	5.68E−14	2.56E+00	7.47E−01	3.79E+00	3.65E+00	2.64E+02	8.31E+01

续表

	f11 DE	f11 CDE/SC	f12 DE	f12 CDE/SC	f13 DE	f13 CDE/SC	f14 DE	f14 CDE/SC	f15 DE	f15 CDE/SC
25th	9.93E+00	7.98E+00	1.00E+01	2.09E+01	2.80E+00	1.32E+00	3.96E+00	3.88E+00	4.85E+02	4.08E+02
mean	8.90E+00	2.72E+00	8.00E−01	3.49E+00	2.31E+00	6.95E−01	3.67E+00	3.16E+00	2.51E+02	1.02E+02
std.	5.54E−01	2.30E+00	2.71E+00	7.20E+00	2.84E−01	2.38E−01	1.56E−01	5.99E−01	7.28E+01	1.35E+02
compare	+		−		+		+		+	

	f16 DE	f16 CDE/SC	f17 DE	f17 CDE/SC	f18 DE	f18 CDE/SC	f19 DE	f19 CDE/SC	f20 DE	f20 CDE/SC
1st	1.33E+02	9.27E+01	1.47E+02	9.22E+01	3.00E+02	3.00E+02	3.00E+02	3.00E+02	3.00E+02	3.00E+02
7th	1.54E+02	1.01E+02	1.66E+02	1.02E+02	8.00E+02	8.00E+02	8.00E+02	8.00E+02	8.00E+02	8.00E+02
13th	1.61E+02	1.13E+02	1.73E+02	1.12E+02	8.00E+02	8.00E+02	8.00E+02	8.00E+02	8.00E+02	8.00E+02
19th	1.67E+02	1.26E+02	1.79E+02	1.17E+02	8.00E+02	8.00E+02	8.00E+02	8.00E+02	8.00E+02	8.00E+02
25th	1.76E+02	1.39E+02	1.98E+02	1.45E+02	8.00E+02	8.00E+02	8.00E+02	8.00E+02	8.00E+02	8.00E+02
mean	1.59E+02	1.13E+02	1.73E+02	1.13E+02	7.80E+02	7.80E+02	8.00E+02	7.80E+02	7.80E+02	7.80E+02
std.	1.05E+01	1.36E+01	1.11E+01	1.47E+01	9.79E+01	9.79E+01	0.00E+00	9.79E+01	9.79E+01	9.79E+01
compare	+		+		≈		+		≈	

	f21 DE	f21 CDE/SC	f22 DE	f22 CDE/SC	f23 DE	f23 CDE/SC	f24 DE	f24 CDE/SC	f25 DE	f25 CDE/SC
1st	3.00E+02	3.00E+02	3.00E+02	3.00E+02	5.59E+02	5.59E+02	2.00E+02	2.00E+02	2.00E+02	2.00E+02
7th	5.00E+02	5.00E+02	7.68E+02	7.66E+02	5.59E+02	5.59E+02	2.00E+02	2.00E+02	2.00E+02	2.00E+02
13th	5.00E+02	5.00E+02	7.70E+02	7.70E+02	5.59E+02	5.59E+02	2.00E+02	2.00E+02	2.00E+02	2.00E+02
19th	5.00E+02	5.00E+02	7.72E+02	7.73E+02	5.59E+02	5.59E+02	2.00E+02	2.00E+02	2.00E+02	2.00E+02
25th	5.00E+02	5.00E+02	7.77E+02	7.78E+02	7.21E+02	7.21E+02	2.00E+02	2.00E+02	2.00E+02	2.00E+02
mean	4.68E+02	4.76E+02	7.51E+02	7.14E+02	5.85E+02	5.78E+02	2.00E+02	2.00E+02	2.00E+02	2.00E+02
std.	7.33E+01	6.49E+01	9.22E+01	1.53E+02	5.92E+01	5.25E+01	0.00E+00	0.00E+00	0.00E+00	0.00E+00
compare	−		+		+		≈		≈	

注：'+、≈、—'分别表示 CDE/SC_qtop 比对应的 DE 算法优化结果"好"、"近似"和"差"（下同）。

表 5.3　比较实验 2(CompTst2:CDE/SC_qrtop_current-to-best/1 与 DE/ current-to-best/1)的实验结果

	f1		f2		f3		f4		f5	
	DE	CDE/SC	DE	CDE/SC	DE	CDE/SC	DE	CDE/SC	DE	CDE/SC
1st	0.00E+00	0.00E+00	5.50E−07	0.00E+00	4.88E+02	6.99E+01	2.27E−13	0.00E+00	1.27E+02	1.21E+00
7th	8.55E−05	0.00E+00	1.73E−02	2.45E−08	1.89E+03	1.10E+03	9.28E−08	1.70E−13	3.52E+02	2.21E+01
13th	2.28E−03	0.00E+00	6.36E−01	2.01E−05	1.15E+04	3.31E+03	4.11E−05	3.70E−11	9.36E+02	1.06E+02
19th	2.59E−02	0.00E+00	2.63E+01	8.72E−03	2.98E+04	8.20E+03	1.68E−03	3.15E−08	1.49E+03	2.66E+02
25th	1.14E+01	4.04E−05	6.33E+02	6.02E+01	1.71E+05	4.59E+04	4.05E−02	1.38E−02	3.65E+03	6.24E+02
mean	7.90E−01	1.61E−06	6.51E+01	2.55E+01	2.53E+04	7.39E+03	3.34E−03	6.28E−04	1.14E+03	1.70E+02
std	2.54E+00	7.93E−06	1.47E+02	1.17E+01	3.97E+04	1.03E+04	8.70E−03	2.71E−03	8.95E+02	1.81E+02
compare	+		+		+		+		+	

	f6		f7		f8		f9		f10	
	DE	CDE/SC	DE	CDE/SC	DE	CDE/SC	DE	CDE/SC	DE	CDE/SC
1st	3.98E+00	0.00E+00	1.72E−02	2.71E−02	2.00E+01	2.00E+01	0.00E+00	0.00E+00	3.97E+00	2.98E+00
7th	8.35E+00	6.09E+00	7.13E−02	1.08E−01	2.01E+01	2.01E+01	3.97E+00	0.00E+00	7.95E+00	5.96E+00
13th	1.97E+01	7.09E+00	3.12E−01	1.54E−01	2.02E+01	2.02E+01	4.97E+00	7.95E−13	1.19E+01	7.95E+00
19th	6.72E+01	9.05E+00	3.64E−01	3.30E−01	2.02E+01	2.02E+01	6.16E+01	9.94E−01	1.29E+01	1.09E+01
25th	5.70E+03	7.75E+01	2.31E+00	1.73E+00	2.04E+01	2.03E+01	1.29E+01	2.98E+00	1.98E+01	1.69E+01
mean	2.76E+02	1.19E+01	4.97E−01	3.21E−01	2.02E+01	2.02E+01	5.30E+01	6.09E−01	1.12E+01	8.75E+00
std	1.10E+03	1.80E+01	6.12E+00	4.17E−01	7.58E−02	6.92E−02	2.86E+01	8.37E−01	3.84E+00	3.73E+00
compare	+		+		+		+		+	

	f11		f12		f13		f14		f15	
	DE	CDE/SC	DE	CDE/SC	DE	CDE/SC	DE	CDE/SC	DE	CDE/SC
1st	3.52E−02	1.36E−01	0.00E+00	4.73E−01	2.79E−01	4.47E−01	1.09E+00	1.22E+00	0.00E+00	0.00E+00
7th	3.70E−01	7.61E−01	1.00E+01	1.02E+01	5.41E−01	5.61E−01	1.75E+00	1.95E+00	7.81E+01	4.09E+01
13th	1.34E+00	1.37E+00	1.51E+01		7.12E−01	6.39E−01	2.30E+00	2.15E+00	1.36E+02	7.14E+01
19th	2.12E+00	2.05E+00	7.12E+02	7.16E+02	7.83E−01	8.54E−01	2.55E+00	2.35E+00	4.25E+02	4.16E+02

续表

	f11 DE	f11 CDE/SC	f12 DE	f12 CDE/SC	f13 DE	f13 CDE/SC	f14 DE	f14 CDE/SC	f15 DE	f15 CDE/SC
25th	3.11E+00	3.93E+00	2.12E+03	1.80E+03	1.24E+00	1.40E+00	3.07E+00	2.72E+00	6.20E+02	4.45E+02
mean	1.31E+00	1.53E+00	4.30E+02	4.33E+02	7.23E-01	7.37E-01	2.14E+00	2.14E+00	2.60E+02	2.07E+02
std.	9.57E-01	9.83E-01	7.04E+02	6.95E+02	2.41E-01	2.46E-01	5.16E-01	3.50E-01	2.11E+02	1.92E+02
compare		−		+		−		−		+

	f16 DE	f16 CDE/SC	f17 DE	f17 CDE/SC	f18 DE	f18 CDE/SC	f19 DE	f19 CDE/SC	f20 DE	f20 CDE/SC
1st	9.27E+01	7.22E+01	9.36E+01	9.45E+01	8.00E+02	6.75E+02	8.00E+02	8.00E+02	8.00E+02	6.75E+02
7th	1.04E+02	9.83E+01	1.01E+02	1.04E+02	8.00E+02	8.00E+02	8.00E+02	8.00E+02	8.00E+02	8.00E+02
13th	1.13E+02	1.04E+02	1.13E+02	1.08E+02	9.21E+02	8.00E+02	9.20E+02	8.00E+02	9.20E+02	8.00E+02
19th	1.25E+02	1.16E+02	1.26E+02	1.18E+02	9.75E+02	9.09E+02	9.88E+02	9.43E+02	9.88E+02	9.43E+02
25th	1.48E+02	1.25E+02	1.63E+02	1.48E+02	1.06E+03	1.05E+03	1.03E+03	1.02E+03	1.02E+03	1.02E+03
mean	1.15E+02	1.05E+02	1.15E+02	1.12E+02	9.08E+02	8.52E+02	9.09E+02	8.63E+02	9.04E+02	8.54E+02
std.	1.41E+01	1.19E+01	1.76E+01	1.32E+01	8.63E+01	8.79E+01	8.94E+01	7.58E+01	8.55E+01	8.41E+01
compare		+		−		+		+		+

	f21 DE	f21 CDE/SC	f22 DE	f22 CDE/SC	f23 DE	f23 CDE/SC	f24 DE	f24 CDE/SC	f25 DE	f25 CDE/SC
1st	3.00E+02	3.00E+02	3.01E+02	3.00E+02	5.59E+02	5.59E+02	2.00E+02	2.00E+02	2.00E+02	2.00E+02
7th	8.74E+02	3.00E+02	7.35E+02	7.28E+02	9.70E+02	7.21E+02	2.00E+02	2.00E+02	2.00E+02	2.00E+02
13th	9.70E+02	8.00E+02	7.55E+02	7.52E+02	1.07E+03	7.21E+02	2.00E+02	2.00E+02	2.00E+02	2.00E+02
19th	1.12E+03	1.00E+03	8.00E+02	8.00E+02	1.17E+03	1.03E+03	5.40E+02	5.00E+02	5.40E+02	5.00E+02
25th	1.19E+03	1.16E+03	9.62E+02	9.06E+02	1.25E+03	1.19E+03	1.22E+03	5.07E+02	1.22E+03	5.07E+02
mean	9.03E+02	7.06E+02	7.57E+02	7.27E+02	1.03E+03	8.13E+02	4.64E+02	2.84E+02	4.64E+02	2.84E+02
std.	2.86E+02	3.26E+02	1.08E+02	1.32E+02	1.87E+02	2.04E+02	3.35E+02	1.35E+02	3.35E+02	1.35E+02
compare		+		+		+		+		+

表 5.4　比较实验 3(CompTst3:CDE/SC_qrtop_best/2 与 DE/best/2)的实验结果

	f1		f2		f3		f4		f5	
	DE	CDE/SC	DE	CDE/SC	DE	CDE/SC	DE	CDE/SC	DE	CDE/SC
1st	0.00E+00	0.00E+00	0.00E+00	0.00E+00	0.00E+00	0.00E+00	0.00E+00	0.00E+00	0.00E+00	0.00E+00
7th	0.00E+00	0.00E+00	0.00E+00	0.00E+00	0.00E+00	0.00E+00	0.00E+00	0.00E+00	0.00E+00	0.00E+00
13th	0.00E+00	0.00E+00	0.00E+00	0.00E+00	0.00E+00	0.00E+00	0.00E+00	0.00E+00	0.00E+00	0.00E+00
19th	0.00E+00	0.00E+00	0.00E+00	0.00E+00	0.00E+00	0.00E+00	0.00E+00	0.00E+00	0.00E+00	0.00E+00
25th	3.98E+00	3.98E-01	0.00E+00	0.00E+00	0.00E+00	0.00E+00	0.00E+00	0.00E+00	0.00E+00	0.00E+00
mean	7.97E-01	7.97E-01	0.00E+00	0.00E+00	0.00E+00	0.00E+00	0.00E+00	0.00E+00	0.00E+00	0.00E+00
std	1.59E+00	1.59E+00	0.00E+00	0.00E+00	0.00E+00	0.00E+00	0.00E+00	0.00E+00	0.00E+00	0.00E+00
compare	≈		≈		≈		≈		≈	

	f6		f7		f8		f9		f10	
	DE	CDE/SC	DE	CDE/SC	DE	CDE/SC	DE	CDE/SC	DE	CDE/SC
1st	0.00E+00	0.00E+00	1.23E-02	7.39E-03	2.01E+01	2.02E+01	0.00E+00	0.00E+00	2.98E+00	3.97E+00
7th	0.00E+00	0.00E+00	5.16E-02	6.65E-02	2.02E+01	2.02E+01	3.97E+00	2.98E+00	1.61E+01	2.00E+01
13th	0.00E+00	0.00E+00	7.38E-02	1.20E-01	2.03E+01	2.03E+01	6.96E+00	6.24E+00	2.32E+01	2.54E+01
19th	0.00E+00	0.00E+00	1.15E-01	3.75E-01	2.03E+01	2.04E+01	1.16E+01	8.57E+00	2.46E+01	2.67E+01
25th	3.98E+00	3.98E-01	5.21E-01	5.54E-01	2.04E+01	2.04E+01	2.41E+01	1.06E+01	2.79E+01	3.40E+01
mean	7.97E-01	7.97E-01	1.43E-01	2.00E-01	2.03E+01	2.03E+01	7.96E+00	5.88E+00	2.06E+01	2.26E+01
std	1.59E+00	1.59E+00	1.61E-01	1.78E-01	7.93E-02	7.47E-02	5.31E+00	3.17E+00	6.20E+00	7.32E+00
compare	≈		+		−		+		−	

	f11		f12		f13		f14		f15	
	DE	CDE/SC	DE	CDE/SC	DE	CDE/SC	DE	CDE/SC	DE	CDE/SC
1st	2.46E-02	0.00E+00	0.00E+00	0.00E+00	4.88E-01	1.17E+00	1.79E+00	2.31E+00	4.04E+01	4.15E+01
7th	8.31E+00	7.41E+00	0.00E+00	0.00E+00	1.37E+00	1.50E+00	2.64E+00	2.79E+00	8.77E+01	9.92E+01
13th	9.04E+00	8.43E+00	0.00E+00	0.00E+00	1.61E+00	1.71E+00	3.05E+00	3.09E+00	1.50E+02	1.33E+02
19th	9.17E+00	8.84E+00	7.12E+02	1.88E+01	1.84E+00	1.93E+00	3.43E+00	3.43E+00	4.31E+02	4.20E+02

	f11 DE	f11 CDE/SC	f12 DE	f12 CDE/SC	f13 DE	f13 CDE/SC	f14 DE	f14 CDE/SC	f15 DE	f15 CDE/SC
25th	9.62E+00	9.34E+00	1.69E+03	1.55E+03	2.56E+00	2.08E+00	3.74E+00	3.75E+00	4.68E+02	4.45E+02
mean	8.39E+00	6.76E+00	4.21E+02	2.30E+02	1.56E+00	1.68E+00	3.01E+00	3.10E+00	2.58E+02	2.12E+02
std.	1.81E+00	3.34E+00	6.43E+02	4.79E+02	4.23E−01	2.58E−01	5.36E−01	4.20E−01	1.70E+02	1.54E+02
compare	+		+		−		−		≈	

	f16 DE	f16 CDE/SC	f17 DE	f17 CDE/SC	f18 DE	f18 CDE/SC	f19 DE	f19 CDE/SC	f20 DE	f20 CDE/SC
1st	4.04E+01	4.15E+01	9.16E+01	0.00E+00	0.00E+00	9.51E+01	3.00E+02	3.00E+02	3.00E+02	3.00E+02
7th	8.77E+01	9.92E+01	1.04E+02	9.39E+01	1.40E+02	1.32E+02	8.00E+02	8.00E+02	8.00E+02	8.00E+02
13th	1.50E+02	1.33E+02	1.15E+02	1.03E+02	1.54E+02	1.47E+02	8.00E+02	8.00E+02	8.00E+02	8.00E+02
19th	4.31E+02	4.20E+02	1.31E+02	1.35E+02	1.63E+02	1.66E+02	9.71E+02	8.94E+02	9.08E+02	8.77E+02
25th	4.68E+02	4.45E+02	1.65E+02	1.61E+02	1.87E+02	1.94E+02	9.48E+02	9.85E+02	9.48E+02	9.48E+02
mean	2.58E+02	2.12E+02	1.20E+02	1.05E+02	1.43E+02	1.45E+02	7.57E+02	7.38E+02	7.46E+02	7.14E+02
std.	1.70E+02	1.54E+02	1.98E+01	3.93E+01	3.77E+01	2.46E+01	1.72E+02	2.17E+02	2.05E+02	2.29E+02
compare	+		−		+		+		+	

	f21 DE	f21 CDE/SC	f22 DE	f22 CDE/SC	f23 DE	f23 CDE/SC	f24 DE	f24 CDE/SC	f25 DE	f25 CDE/SC
1st	3.00E+02	3.00E+02	7.55E+02	7.43E+02	5.59E+02	5.59E+02	2.00E+02	2.00E+02	2.00E+02	2.00E+02
7th	3.00E+02	3.00E+02	7.62E+02	7.64E+02	7.21E+02	5.59E+02	2.00E+02	2.00E+02	2.00E+02	2.00E+02
13th	5.00E+02	5.00E+02	7.66E+02	7.66E+02	7.21E+02	7.21E+02	2.00E+02	2.00E+02	2.00E+02	2.00E+02
19th	8.42E+02	8.00E+02	7.70E+02	7.71E+02	9.70E+02	9.70E+02	2.00E+02	2.00E+02	2.00E+02	2.00E+02
25th	1.04E+03	1.17E+03	8.35E+02	8.32E+02	1.25E+03	1.21E+03	9.00E+02	5.00E+02	9.00E+02	5.00E+02
mean	5.42E+02	5.96E+02	7.70E+02	7.75E+02	8.29E+02	7.59E+02	2.64E+02	2.24E+02	2.64E+02	2.24E+02
std.	2.66E+02	2.69E+02	1.70E+01	2.38E+01	2.00E+02	2.08E+02	1.62E+02	8.13E+01	1.62E+02	8.13E+01
compare	−		+		+		+		+	

表 5.5　比较实验 4(CompTst4:CDE/SC_qrtop_rand/1 与 DE/rand/1)的实验结果

	f1		f2		f3		f4		f5	
	DE	CDE/SC	DE	CDE/SC	DE	CDE/SC	DE	CDE/SC	DE	CDE/SC
1st	0.00E+00	0.00E+00	0.00E+00	0.00E+00	0.00E+00	0.00E+00	0.00E+00	0.00E+00	0.00E+00	0.00E+00
7th	0.00E+00	0.00E+00	0.00E+00	0.00E+00	7.25E-09	6.46E-11	0.00E+00	0.00E+00	0.00E+00	0.00E+00
13th	0.00E+00	0.00E+00	0.00E+00	0.00E+00	4.64E-05	2.07E-04	0.00E+00	0.00E+00	0.00E+00	0.00E+00
19th	0.00E+00	0.00E+00	0.00E+00	0.00E+00	9.84E-02	5.02E-02	0.00E+00	0.00E+00	0.00E+00	0.00E+00
25th	0.00E+00	0.00E+00	0.00E+00	0.00E+00	6.38E+01	1.03E+03	0.00E+00	0.00E+00	0.00E+00	0.00E+00
mean	0.00E+00	0.00E+00	0.00E+00	0.00E+00	2.75E+00	4.19E+01	0.00E+00	0.00E+00	0.00E+00	0.00E+00
std.	0.00E+00	0.00E+00	0.00E+00	0.00E+00	1.24E+01	2.03E+02	0.00E+00	0.00E+00	0.00E+00	0.00E+00
compare	≈		≈		—		≈		≈	

	f6		f7		f8		f9		f10	
	DE	CDE/SC	DE	CDE/SC	DE	CDE/SC	DE	CDE/SC	DE	CDE/SC
1st	0.00E+00	0.00E+00	7.39E-03	0.00E+00	2.01E+01	2.00E+01	0.00E+00	0.00E+00	2.98E+00	2.98E+00
7th	0.00E+00	0.00E+00	1.47E-02	2.21E-02	2.02E+01	2.02E+01	0.00E+00	0.00E+00	4.97E+00	5.96E+00
13th	0.00E+00	0.00E+00	3.44E-02	4.67E-02	2.03E+01	2.03E+01	0.00E+00	2.30E-01	5.96E+00	8.26E+00
19th	0.00E+00	0.00E+00	6.88E-02	6.64E-02	2.03E+01	2.04E+01	9.94E-01	9.94E-01	9.94E+00	1.19E+01
25th	0.00E+00	0.00E+00	9.59E-02	8.86E-02	2.04E+01	2.05E+01	2.98E+00	1.98E+00	2.11E+01	2.37E+01
mean	0.00E+00	0.00E+00	4.18E-02	4.51E-02	2.03E+01	2.03E+01	6.36E-01	5.48E-01	8.12E+00	9.22E+00
std.	0.00E+00	0.00E+00	3.05E-02	2.86E-02	6.72E-02	1.03E-01	8.84E-01	6.65E-01	5.26E+00	5.10E+00
compare	≈		+		+		+		≈	

	f11		f12		f13		f14		f15	
	DE	CDE/SC	DE	CDE/SC	DE	CDE/SC	DE	CDE/SC	DE	CDE/SC
1st	0.00E+00	0.00E+00	0.00E+00	0.00E+00	3.99E-01	3.62E-01	1.74E+00	2.30E+00	4.04E+01	0.00E+00
7th	1.11E-02	0.00E+00	0.00E+00	0.00E+00	7.03E-01	5.90E-01	2.48E+00	2.69E+00	9.23E+01	6.35E+01
13th	1.77E+00	9.83E-01	0.00E+00	0.00E+00	8.10E-01	6.95E-01	2.78E+00	3.04E+00	1.41E+02	6.79E+01
19th	3.38E+00	1.57E+00	0.00E+00	1.00E+01	1.07E+00	8.09E-01	2.97E+00	3.18E+00	4.00E+02	8.38E+01
comparee			+		+		+		≈	

续表

	f11 DE	f11 CDE/SC	f12 DE	f12 CDE/SC	f13 DE	f13 CDE/SC	f14 DE	f14 CDE/SC	f15 DE	f15 CDE/SC
25th	7.98E+00	4.05E+00	1.55E+03	1.55E+03	1.76E+00	1.01E+00	3.24E+00	3.71E+00	4.06E+02	4.06E+02
mean	2.14E+00	1.10E+00	9.23E+01	1.27E+02	9.15E−01	6.87E−01	2.67E+00	2.96E+00	2.13E+02	1.29E+02
std.	2.01E+00	1.21E+00	3.29E+02	4.21E+02	3.78E−01	1.54E−01	3.82E−01	3.77E−01	1.44E+02	1.36E+02
compare	+		−		+		−		+	

	f16 DE	f16 CDE/SC	f17 DE	f17 CDE/SC	f18 DE	f18 CDE/SC	f19 DE	f19 CDE/SC	f20 DE	f20 CDE/SC
1st	4.70E+01	5.60E+01	0.00E+00	9.25E+01	3.00E+02	3.00E+02	3.00E+02	3.00E+02	3.00E+02	3.00E+02
7th	9.30E+01	9.67E+01	9.75E+01	9.74E+01	8.00E+02	8.00E+02	8.00E+02	8.00E+02	8.00E+02	8.00E+02
13th	9.61E+01	1.00E+02	1.03E+02	1.03E+02	8.00E+02	8.00E+02	8.00E+02	8.00E+02	8.00E+02	8.00E+02
19th	1.03E+02	1.03E+02	1.06E+02	1.08E+02	8.00E+02	8.00E+02	8.00E+02	8.00E+02	8.00E+02	8.00E+02
25th	1.18E+02	1.25E+02	1.65E+02	1.23E+02	7.00E+02	7.00E+02	7.00E+02	6.80E+02	7.00E+02	6.80E+02
mean	9.51E+01	9.91E+01	1.00E+02	1.03E+02	2.00E+02	2.00E+02	2.00E+02	2.13E+02	2.00E+02	2.13E+02
std.	1.59E+01	1.29E+01	2.49E+01	7.84E+00	7.00E+02	7.00E+02	7.00E+02	6.80E+02	7.00E+02	6.80E+02
comparee	−		−		≈		+		+	

	f21 DE	f21 CDE/SC	f22 DE	f22 CDE/SC	f23 DE	f23 CDE/SC	f24 DE	f24 CDE/SC	f25 DE	f25 CDE/SC
1st	3.00E+02	3.00E+02	3.00E+02	7.10E+02	5.59E+02	5.59E+02	2.00E+02	2.00E+02	2.00E+02	2.00E+02
7th	3.00E+02	5.00E+02	7.44E+02	7.49E+02	5.59E+02	5.59E+02	2.00E+02	2.00E+02	2.00E+02	2.00E+02
13th	5.00E+02	5.00E+02	7.53E+02	7.61E+02	7.21E+02	7.21E+02	2.00E+02	2.00E+02	2.00E+02	2.00E+02
19th	5.00E+02	8.00E+02	7.60E+02	7.64E+02	7.21E+02	7.21E+02	2.00E+02	2.00E+02	2.00E+02	2.00E+02
25th	8.00E+02	8.00E+02	7.67E+02	7.71E+02	9.70E+02	1.04E+03	2.00E+02	2.00E+02	2.00E+02	2.00E+02
mean	4.68E+02	5.36E+02	7.15E+02	7.55E+02	7.06E+02	6.92E+02	2.00E+02	2.00E+02	2.00E+02	2.00E+02
std.	1.71E+02	1.83E+02	1.23E+02	1.44E+01	1.50E+02	1.49E+02	0.00E+00	0.00E+00	0.00E+00	0.00E+00
compare	−		−		+		≈		≈	

表 5.6　比较实验 5(CompTst5:CDE/SC_qrtop_rand/2 与 DE/rand/2)的实验结果

	$f1$		$f2$		$f3$		$f4$		$f5$	
	DE	CDE/SC	DE	CDE/SC	DE	CDE/SC	DE	CDE/SC	DE	CDE/SC
1st	0.00E+00	0.00E+00	0.00E+00	0.00E+00	2.27E-13	4.24E-10	0.00E+00	0.00E+00	4.98E-07	1.27E-05
7th	0.00E+00	0.00E+00	0.00E+00	0.00E+00	2.21E-12	1.39E-09	0.00E+00	0.00E+00	8.50E-07	2.56E-05
13th	0.00E+00	0.00E+00	0.00E+00	0.00E+00	4.32E-12	2.34E-09	0.00E+00	0.00E+00	1.21E-06	5.43E-05
19th	0.00E+00	0.00E+00	0.00E+00	0.00E+00	8.92E-12	3.72E-09	0.00E+00	0.00E+00	2.00E-06	8.88E-05
25th	0.00E+00	0.00E+00	0.00E+00	0.00E+00	2.00E-11	3.40E-08	0.00E+00	0.00E+00	4.08E-06	3.28E-04
mean	0.00E+00	0.00E+00	0.00E+00	0.00E+00	6.20E-12	4.28E-09	0.00E+00	0.00E+00	1.56E-06	7.35E-05
std.	0.00E+00	0.00E+00	0.00E+00	0.00E+00	5.44E-12	6.60E-09	0.00E+00	0.00E+00	9.81E-07	6.98E-05
compare	≈		≈		−		≈		−	

	$f6$		$f7$		$f8$		$f9$		$f10$	
	DE	CDE/SC	DE	CDE/SC	DE	CDE/SC	DE	CDE/SC	DE	CDE/SC
1st	0.00E+00	0.00E+00	3.78E-01	3.13E-01	2.01E+01	2.01E+01	1.39E+01	9.15E+00	2.00E+01	1.92E+01
7th	0.00E+00	0.00E+00	4.60E-01	5.03E-01	2.02E+01	2.02E+01	1.74E+01	1.00E+01	2.79E+01	2.72E+01
13th	0.00E+00	0.00E+00	4.92E-01	5.24E-01	2.03E+01	2.03E+01	2.04E+01	1.19E+01	3.02E+01	2.85E+01
19th	0.00E+00	0.00E+00	5.38E-01	5.61E-01	2.03E+01	2.03E+01	2.57E+01	1.41E+01	3.12E+01	3.30E+01
25th	0.00E+00	0.00E+00	6.15E-01	6.16E-01	2.04E+01	2.04E+01	2.99E+01	1.97E+01	3.92E+01	3.42E+01
mean	0.00E+00	0.00E+00	4.97E-01	5.28E-01	2.03E+01	2.03E+01	2.12E+01	1.23E+01	2.98E+01	2.89E+01
std.	0.00E+00	0.00E+00	6.02E-02	6.28E-02	8.48E-02	5.84E-02	4.52E+00	2.53E+00	4.10E+00	3.74E+00
compare	≈		+		−		+		+	

	$f11$		$f12$		$f13$		$f14$		$f15$	
	DE	CDE/SC	DE	CDE/SC	DE	CDE/SC	DE	CDE/SC	DE	CDE/SC
1st	7.57E+00	6.39E+00	0.00E+00	5.68E-14	1.86E+00	2.01E+00	3.33E+00	3.37E+00	1.54E+02	1.43E+02
7th	8.79E+00	7.79E+00	0.00E+00	4.20E-12	2.07E+00	2.43E+00	3.57E+00	3.56E+00	2.09E+02	1.57E+02
13th	8.94E+00	8.50E+00	0.00E+00	1.62E-10	2.35E+00	2.57E+00	3.69E+00	3.69E+00	2.44E+02	1.69E+02
19th	9.25E+00	8.9449E+00	2.27E-13	1.60E-08	2.563E+00	2.70E+00	3.79E+00	3.75E+00	2.64E+02	1.78E+02

续表

	f11 DE	f11 CDE/SC	f12 DE	f12 CDE/SC	f13 DE	f13 CDE/SC	f14 DE	f14 CDE/SC	f15 DE	f15 CDE/SC
25th	9.93E+00	9.60E+00	1.00E+01	1.51E+03	2.80E+00	3.07E+00	3.96E+00	3.86E+00	4.85E+02	4.92E+02
mean	8.90E+00	8.30E+00	8.00E-01	6.13E+01	2.31E+00	2.54E+00	3.67E+00	3.66E+00	2.51E+02	1.79E+02
std.	5.54E-01	8.42E-01	2.71E+00	2.96E+02	2.84E-01	2.46E-01	1.56E-01	1.12E-01	7.28E+01	6.52E+01
compare	+		-		-		-		+	

	f16 DE	f16 CDE/SC	f17 DE	f17 CDE/SC	f18 DE	f18 CDE/SC	f19 DE	f19 CDE/SC	f20 DE	f20 CDE/SC
1st	1.33E+02	1.29E+02	1.47E+02	1.54E+02	3.00E+02	3.00E+02	8.00E+02	3.00E+02	3.00E+02	3.00E+02
7th	1.54E+02	1.46E+02	1.66E+02	1.70E+02	8.00E+02	8.00E+02	8.00E+02	8.00E+02	8.00E+02	8.00E+02
13th	1.61E+02	1.56E+02	1.73E+02	1.80E+02	8.00E+02	8.00E+02	8.00E+02	8.00E+02	8.00E+02	8.00E+02
19th	1.67E+02	1.67E+02	1.79E+02	1.86E+02	8.00E+02	8.00E+02	8.00E+02	8.00E+02	8.00E+02	8.00E+02
25th	1.76E+02	1.77E+02	1.98E+02	1.94E+02	8.00E+02	8.00E+02	8.00E+02	8.00E+02	8.00E+02	8.00E+02
mean	1.59E+02	1.57E+02	1.73E+02	1.77E+02	7.80E+02	7.80E+02	7.80E+02	7.80E+02	7.80E+02	7.80E+02
std.	1.05E+01	1.23E+01	1.11E+01	1.08E+01	9.79E+01	9.79E+01	0.00E+00	9.79E+01	9.79E+01	9.79E+01
compare	+		-		≈		+		≈	

	f21 DE	f21 CDE/SC	f22 DE	f22 CDE/SC	f23 DE	f23 CDE/SC	f24 DE	f24 CDE/SC	f25 DE	f25 CDE/SC
1st	3.00E+02	3.00E+02	3.00E+02	3.00E+02	5.59E+02	5.59E+02	2.00E+02	2.00E+02	2.00E+02	2.00E+02
7th	5.00E+02	5.00E+02	7.68E+02	7.66E+02	5.59E+02	5.59E+02	2.00E+02	2.00E+02	2.00E+02	2.00E+02
13th	5.00E+02	5.00E+02	7.70E+02	7.70E+02	5.59E+02	5.59E+02	2.00E+02	2.00E+02	2.00E+02	2.00E+02
19th	5.00E+02	5.00E+02	7.72E+02	7.73E+02	5.59E+02	5.59E+02	2.00E+02	2.00E+02	2.00E+02	2.00E+02
25th	5.00E+02	5.00E+02	7.77E+02	7.78E+02	7.21E+02	7.21E+02	2.00E+02	2.00E+02	2.00E+02	2.00E+02
mean	4.68E+02	4.76E+02	7.51E+02	7.14E+02	5.85E+02	5.78E+02	2.00E+02	2.00E+02	2.00E+02	2.00E+02
std.	7.33E+01	6.49E+01	9.22E+01	1.53E+02	5.92E+01	5.25E+01	0.00E+00	0.00E+00	0.00E+00	0.00E+00
compare	≈		+		+		≈		≈	

表 5.7 表 5.2～表 5.6 的比较统计

比较(compare)	+	≈	−
表 5.2	14	8	3
表 5.3	21	0	4
表 5.4	12	7	6
表 5.5	9	9	7
表 5.6	9	9	7

表 5.8 表 5.2～表 5.6 的符号检验(Sign Test)分析

符号检验 (Sign Test)	最优值(1st)的检验				均值(mean)的检验			
	P. Dif	N. Dif	Tie	Pval	P. Dif	N. Dif	Tie	Pval
表 5.2	*11*	*0*	*14*	*0.001*	*13*	*2*	*10*	*0.007*
表 5.3	5	10	10	0.302	*20*	*3*	*2*	*0.000*
表 5.4	8	5	12	0.581	11	7	7	0.481
表 5.5	4	4	17	1.000	9	7	9	0.804
表 5.6	7	3	15	0.344	9	6	10	0.607

无法判断优劣,因此接下来比较优先级中排序第 2 的"均值",发现 CDE/SC_qrtop_best/1 比 DE/best/1 的均值相对较大,所以得出"compare"的结果是"−"。其他 4 个表格中分别记录的是另外四对比较实验的结果,数据和符号的意义与表 5.2 相同。

表 5.7 是对表 5.2～表 5.6 等 5 个表格中"compare"数据的统计,可见前三对比较实验(CompTst1、CompTst2 和 CompTst3)的"compare"数据好、近似和差的个数分别是 14、8、3,21、0、4 和 12、7、6。显然,在这三个基于当前最优解的差分演化算法上,通过子空间聚类算子改进后的算法 CDE/SC_qrtop 有很明显的优势。后两个比较实验 CompTst4 和 CompTst5 的"compare"结果分别是 9、9、7。可见,对 DE/rand/1 和 DE/rand/2 这两个全局搜索能力较强的算法上,子空间聚类算子有一定的改进作用;虽然在理论上能使算法全局收敛,但遗憾的是从实验结果上分析,改进的效果不是很明显。

表 5.8 是对表 5.2～表 5.6 中的"最优值(1st)"和"均值(mean)"进一步的符号检验(Sign Test)[4]分析。表中"P. Dif"、"N. Dif"、"Tie"、"Pval"分别表示符号检验的正差、负差、结和 P 值。其中,"正差"说明改进算法的优化结果比对应的原算法的优化结果好,"负差"反之。当 P 值小于显著性水平 0.05 时,说明两样本的差异显著,小于 0.01 时,说明样本差异极其显著,差异显著即表明:与原算法相比,改进算法的优化效果有显著改善。如表 5.8 中黑斜体字所示,子空间聚类算子对 DE/best/1 和 DE/cur-to-best/1 有极其显著的改进效果,对 DE/best/2 的改进效果次

之。可见,符号检验的结果支持表 5.8 中"compare"的直观分析得到的结论。

更微观的分析表 5.2～表 5.4 的实验数据,不难发现在 7 个基本多峰函数 $(f6\sim f12)$ 和 11 个杂交组合多峰函数 $(f15\sim f25)$ 上,子空间聚类算子的改进效果更明显;在 5 个单峰函数 $(f1\sim f5)$ 和 2 个扩展多峰函数 $(f13\sim f14)$ 上,改进效果不是很明显,且改进效果不明显的原因不尽相同。前者(5 个单峰函数)是因为函数本身相对较简单,原始的算法能找到精度较高的解,甚至于最优解,所以不能再进一步改进,从而得到相近的实验结果;后者(2 个扩展多峰函数)是确实不能达到预期的改进效果。

鉴于子空间聚类算子在前三个比较实验中的优化效果,图 5.4～图 5.6 给出前三个实验在单峰、基本多峰和扩展多峰等 14 个函数上的比较收敛图,收敛图的横坐标是函数估值次数 FEs,纵坐标是 25 次运行得到的 25 个最优值的平均值加 1 的对数。这里"加 1"是为了确保对数函数有意义,取对数是为了突显图形的比较效果。可以很明显地看到,改进后的算法有更快的收敛速度,或者是前期的收敛速度稍微慢,后期再超越。

5.5　本 章 小 结

在依概率收敛的差分演化算法模式下,本章设计了一个辅助算子——子空间聚类算子。该算子在种群中随机选取一个优质个体作为扰动中心,以两个随机产生的边界个体的差作为扰动的上界,扰动半径等于扰动上界乘以一个随机产生的 $[0,1]$ 实数。算子的撒点概率推理及统计模拟表明,该算子能使个体具有遍历特征,同时本身在某种程度上能平衡算法的求全和求精能力,因此能够克服如均匀变异算子、高斯算子等常见繁殖算子单方面争取求全能力的弱点。

在收敛模式下将子空间聚类算子与基本差分演化算法结合,得到了一类收敛的差分演化算法,在 CEC2005 函数标准测试集上的实验结果表明算法的优越性,也说明子空间聚类算子的改进效率。

参 考 文 献

[1] 丘维声. 高等代数（2 版）[M]. 北京:高等教育出版社,1989.

[2] Suganthan P N, Hansen N, Liang J J, et al. Problem definitions and evaluation criteria for the CEC 2005 special session on real-parameter optimization[J]. KanGALReport,2005,2005005.

[3] Suganthan P N. Homepage[P/OL]. http://www.ntu.edu.sg/home/EPNSugan/[2014-6-9].

[4] Derrac J, García S, Molina D, et al. A practical tutorial on the use of nonparametric statistical tests as a methodology for comparing evolutionary and swarm intelligence algorithms[J]. Swarm and Evolutionary Computation,2011,1(1):3-18.

第二篇

差分演化算法的应用

第6章 依概率收敛差分演化算法在螺旋压缩弹簧参数优化中的应用

螺旋压缩弹簧(coil compression spring,CCS)参数优化问题是机械工程设计中常见的一类约束优化问题。该类问题的目标函数是非凸、多峰、非线性的不可微函数,目标函数的变量包含整型、离散型和实型,即构成了混合整型-离散型-实型变量非线性约束优化问题。基于子空间聚类算子的差分演化算法,本章设计了求解螺旋压缩弹簧参数优化问题的收敛差分演化算法,并比较分析了数值模拟结果。

6.1 螺旋压缩弹簧参数优化问题的模型建立

图 6.1 是一个螺旋压缩弹簧的示意图,对螺旋弹簧进行优化设计的目的是最小化弹簧钢丝的体积,即耗材最优化。决策变量包括弹簧线圈的数量 Nc、弹簧的外圈直径 Dc 和弹簧金属线直径 dc。弹簧线圈的数量是整型变量,弹簧的外圈直径是连续型变量,弹簧金属线直径是离散型变量,工程应用中常用的标准金属线的直径如表 6.1 所示。

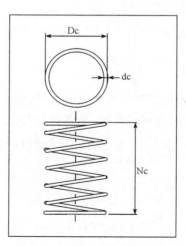

图 6.1 螺旋压缩弹簧示意图

表 6.1　常用的弹簧金属线直径

弹簧标准金属线直径					
0.009	0.0095	0.0104	0.0118	0.0128	0.0132
0.014	0.015	0.0162	0.0173	0.018	0.020
0.023	0.025	0.028	0.032	0.035	0.041
0.047	0.054	0.063	0.072	0.080	0.092
0.105	0.120	0.135	0.148	0.162	0.177
0.192	0.207	0.225	0.224	0.263	0.283
0.307	0.331	0.362	0.394	0.4375	0.500

螺旋压缩弹簧参数优化设计问题可以模型化为

$$\min \quad f(\boldsymbol{x}) = \frac{\pi^2 x_2 x_3^2 (x_1 + 2)}{4}$$

$$\text{s. t.} \quad g_1(\boldsymbol{x}) = \frac{8 x_2 C_f F_{\max}}{\pi x_3^3} - S \leqslant 0$$

$$g_2(\boldsymbol{x}) = l_f - l_{\max} \leqslant 0$$

$$g_3(\boldsymbol{x}) = d_{\min} - x_3 \leqslant 0$$

$$g_4(\boldsymbol{x}) = x_2 - D_{\max} \leqslant 0$$

$$g_5(\boldsymbol{x}) = 3.0 - \frac{x_2}{x_3} \leqslant 0$$

$$g_6(\boldsymbol{x}) = \sigma_p - \sigma_{pm} \leqslant 0$$

$$g_7(\boldsymbol{x}) = \sigma_p + \frac{F_{\max} - F_p}{K} + 1.05(x_1 + 2) x_3 - l_f \leqslant 0$$

$$g_8(\boldsymbol{x}) = \sigma_w - \frac{F_{\max} - F_p}{K} \leqslant 0$$

其中，$\boldsymbol{x} = (x_1, x_2, x_3)$；$x_1$ 表示弹簧线圈的数量，是整型变量；x_2 表示弹簧的外圈直径，是实型变量；x_3 表示弹簧金属线直径，是离散型变量。

$$C_f = \frac{4(x_2/x_3) - 1}{4(x_2/x_3) - 4} + \frac{0.615 x_3}{x_2} \leqslant 0$$

$$K = \frac{G x_3^4}{8 x_1 x_2^3}, \quad \sigma_p = \frac{F_p}{K}$$

$$l_f = \frac{F_{\max}}{K} + 1.05(x_2 + 2) x_3$$

$F_{\max} = 1000.0\text{lb}(1\text{lb} = 0.45359\text{Kg}), S = 189000.0\text{psi}(1\text{psi} = 6.895\text{kPa}), l_{\max} = 14.0\text{inch}(1\text{inch} = 2.54\text{cm}), d_{\min} = 0.2\text{inch}, D_{\max} = 3.0\text{inch}, F_p = 300.0\text{lb}, \sigma_{pm} = 6.0\text{inch}, \sigma_w = 1.25\text{inch}, G = 11.5 \times 10^6$。

函数约束 g_3、g_4 和 g_5 可转化为边界约束 $1 \leqslant x_1 \leqslant \dfrac{l_{\max}}{d_{\min}}$，$3d_{\min} \leqslant x_2 \leqslant D_{\max}$，$d_{\min} \leqslant x_3 \leqslant \dfrac{D_{\max}}{3}$，各变量和参数的具体意义可以参考文献[1]。

6.2　面向 CCS 优化设计的子空间聚类差分演化算法

螺旋压缩弹簧参数优化设计约束优化问题因同时包含整型、离散型和实型变量而使得求解相对困难。解决这类问题的传统的方法主要有分支定界法、广义 Benders 分解法和外逼近法等[2]，但是这些方法易陷入局部最优，存在很大的局限性。目前，演化算法被广泛应用于优化领域，Chen 等[3] 提出用遗传算法求解该类问题；Wu 等[4] 提出一个改进的遗传算法求解该类问题；Lampinen 等[1] 提出用经典差分演化算法（DE/rand/1）求解该类问题；胡中波等[5] 设计了求解该问题的自适应的差分演化算法。然而，求解稳健性依然有进一步提高的空间。

本章应用 5.2 节提出的基于子空间聚类算子的收敛差分演化算法求解上述螺旋压缩弹簧参数优化设计问题。与求解无约束连续优化问题不同，这里还需要考虑的两个技术是约束条件和混合变量的处理方法。

6.2.1　面向 CCS 优化设计的罚函数约束处理技术

螺旋压缩弹簧参数优化设计问题是一个约束优化问题，罚函数方法是常用处理约束的技巧之一，且比较适合与差分演化算法相结合[1]。这里使用罚函数方法处理螺旋压缩弹簧优化设计模型中的函数约束。罚函数方法的基本思想是降低不满足约束条件的个体的适应值（在最小化优化问题中就表现为增大不满足约束条件的向量的目标函数值），把约束优化问题转化为无约束优化问题。该方法的形式化过程为

$$\min \quad f_{\text{obj}}(\boldsymbol{x}) = (f(x) + a) \cdot \prod_{j=1}^{m} c_j^{b_j}$$

其中，$c_i = \begin{cases} 1 + s_i \cdot g_i(\boldsymbol{x}), & g_i(\boldsymbol{x}) > 0 \\ 1, & \text{其他} \end{cases}$，$s_i \geqslant 1$，$b_i \geqslant 1$；$f(\boldsymbol{x})$ 是原最小化约束优化问题的目标函数；$g_i(\boldsymbol{x})$ 是原问题第 i 个约束条件。

a 取一个足够大的正值，确保 $(f(\boldsymbol{x}) + a)$ 非负即可，取值大小不影响搜索。当 $g_i(\boldsymbol{x}) > 0$ 时，s_i 和 b_i 取值越大，则对 $g_i(\boldsymbol{x})$ 的惩罚就越大，一般取值为 1，如果优化所得的最优解 $\boldsymbol{x}^*$ 对应的 g_i 值不满足约束，即 $g_i(\boldsymbol{x}^*) > 0$，就增大 s_i 和 b_i 的值。

按照上述思想，可以把螺旋压缩弹簧参数优化设计问题转化成如下最小化问

题,即

$$\min \quad f_{\text{obj}}(\boldsymbol{x}) = f(\boldsymbol{x}) \cdot \prod_{i=1}^{2} c_i^3 \cdot \prod_{i=6}^{8} c_i^3$$

其中,$c_i = \begin{cases} 1.0 + s_i \cdot g_i(\boldsymbol{x}), g_i(\boldsymbol{x}) > 0 \\ 1, \text{其他} \end{cases}$; $s_1 = s_2 = s_6 = 1.0, s_7 = s_8 = 10^{10}$。

考虑到在原模型中 g_3、g_4 和 g_5 已经转化为边界约束,因此转化的过程并没有考虑这三个约束条件。

6.2.2　CCS 优化中混合变量的处理技术

螺旋压缩弹簧参数优化设计模型是一个整型-离散型-实型变量的混合参数优化问题。经典的差分演化算法多用于求解连续优化问题,处理整型变量的一个常用技巧是让算法保持在实数域搜索,在求个体对应的目标函数值之前先对实型变量值进行取整运算。

螺旋压缩弹簧参数优化设计模型中第一个变量 x_1 表示弹簧线圈的数量,该变量是一个整型变量。按照上述处理思想,在算法的运行过程中依然保持 x_1 的连续性,而在计算目标函数值时先对 x_1 向下取整,即 $\text{Nc} = \lfloor x_1 \rfloor$,其中$\lfloor \cdot \rfloor$表示向下取整。

螺旋压缩弹簧参数优化设计模型中的第二个变量 x_2 表示弹簧的外圈直径,该变量是实型变量,常规搜索即可;第三个变量 x_3 表示弹簧金属线直径,是离散型变量,只能取表 6.1 中的有限个实数。我们应用轮盘赌的思想处理该离散型变量,设 x_i 是一个离散型变量,x_i 可取的离散值的个数是 l,记这 l 个数值从小到大依次为 $a_1^i, a_2^i, \cdots, a_l^i$。与上述处理整型变量的方法类似,算法始终保持在实数域搜索。假设算法搜索时得到一个对应 x_i 的实数值 $\tilde{x}_i$,记

$$j = \left\lfloor \frac{\tilde{x}_i - x_i^L}{x_i^U - x_i^L} \cdot l \right\rfloor + 1$$

则在计算目标函数值时取 $x_i = a_j^i$。这里 x_i^L、x_i^U 是 x_i 的上界和下界。在螺旋压缩弹簧参数优化设计模型中,l 等于 42,$a_j^3 (j = 1, 2, \cdots, l)$ 依次取表 6.1 中的 42 个实数。

6.3　实验设计与结果分析

数值实验分两部分进行。

① 应用基于子空间聚类收敛差分演化算法 CDE/SC_qrtop_rand/1 版本求解螺旋压缩弹簧参数优化问题。

② 在螺旋压缩弹簧参数优化模型上测试 5 个不同版本的子空间聚类收敛差分演化算法。

前者旨在测试子空间聚类收敛差分演化算法在求解螺旋压缩弹簧参数优化问题上的竞争力;后者旨在进一步测试子空间聚类算子对经典差分演化算法搜索能力的改善效果。

如表 6.2 所示,我们给出了基于子空间聚类差分演化算法及其他算法在螺旋压缩弹簧参数优化问题上的仿真结果。算法被独立运行 100 次,表格中第 5 行 $f(\vec{x}^*)$ 是对应算法算得的最优值,第 6 行 SR 是算法在最大迭代次数内多次独立运行达到各自最优值的比例。

表 6.2　在 CCS 参数优化设计问题上的优化结果比较

文献	[1]	[2]	[3]	[4]	[5]	[5]	本书
x_1	10	9	9	9	9	9	9
x_2	1.18070	1.2287	1.227411	1.223041	1.223041	1.223041	1.223041
x_3	0.283	0.283	0.283	0.283	0.283	0.283	0.283
$f(x^*)$	2.7995	2.6709	2.6681	2.65856	2.65856	2.65856	2.65856
SR	100.0%	95.4%	95.3%	95.0%	89.0%	90.0%	99.0%
$-g_1$	54309	415.969	550.993	1008.8114	1006.9315	1006.9161	1006.9161
$-g_2$	8.8187	8.9207	8.9264	8.94564	8.94562	8.94562	8.94562
$-g_3$	0.08298	0.08300	0.08300	0.08300	0.08300	0.08300	0.08300
$-g_4$	1.8193	1.7713	1.7726	1.77696	1.77696	1.77696	1.77696
$-g_5$	1.1723	1.3417	1.3371	1.32170	1.32170	1.32170	1.32170
$-g_6$	5.4643	5.4568	5.4585	5.46429	5.46427	5.46427	5.46427
$-g_7$	0.0	0.0	0.0	2.7e-16	0.0	0.0	0.0
$-g_8$	0.0	0.0174	0.0134	5.1e-16	2.2E-16	4.5E-7	1.3E-16

注:表中的 $f(x^*)$ 是对应算法计算的最优结果,SR(successful rate)是算法在最大迭代次数内多次独立运行达到各自最优值的比例,g_i 是约束条件的对应取值。

算法的参数设置如下,种群规模 $N=40$、向量维数 $D=3$、变异因子 $F=0.9$、交叉概率 $CR=0.9$、最大函数估值次数 $Max\_FEs=8000$、运用子空间聚类算子的概率(优秀个体的比例)$q\%=12\%$。

表 6.2 表明,针对螺旋压缩弹簧参数优化问题,目前能找到的最优值是 2.65856,文献[2]~[4]的算法不能找到该最优解,文献[1]~[5]中给出的三个算法和本文的收敛差分演化算法(CDE/SC_qrtop_rand/1)经过多次运行,在给定的函数估值次数 8000 内都能找到当前最优解,成功找到最优解的次数依次是 95.0%、89.0%、90.0% 和 99.0%。可见,收敛差分演化算法(CDE/SC_qrtop_

rand/1)在同样的计算量内,成功找到最优解的概率优于同类算法。

　　表 6.3 显示了 5 个不同版本的子空间聚类收敛差分演化算法在螺旋压缩弹簧参数优化问题的求解结果,算法独立运行 100 次,所有 5 个版本算法的参数设置都与上同。

　　观察表 6.3 中的结果。表中第 5 行给出了对应的收敛差分演化算法在最大迭代次数内多次独立运行达到最优值的比例,依次是 53.0%、42.0%、67.0%、99.0% 和 95.0%,第 6 行给出了对应的经典差分演化算法在最大迭代次数内多次独立运行达到最优值的比例,依次是 18.0%、4.0%、19.0%、95.0% 和 89.0%。可见,算法经过多次运行都能找到螺旋压缩弹簧参数优化问题的最优解,但收敛的子空间聚类差分演化算法都比对应经典差分演化算法的成果率高。这说明子空间聚类算子增强了经典差分演化算法 5 个版本的搜索能力,且 CDE/SC_qrtop_rand/1 算法的稳健性最好。

表 6.3　5 个收敛 CDE/SC_qrtop 在 CCS 参数优化设计问题上的优化结果

	best/1	cur-to-best/1	best/2	rand/1	rand/2
x_1	9	9	9	9	9
x_2	1.223041	1.223041	1.223041	1.223041	1.223041
x_3	0.283	0.283	0.283	0.283	0.283
$f(x^*)$	2.65856	2.65856	2.65856	2.65856	2.65856
CDE_SR	53.0%	42.0%	67.0%	99.0%	95.0%
DE_SR	18.0%	4.0%	19.0%	95.0%	89.0%

　　注:表中的 $f(x^*)$ 是对应算法计算的最优结果,CDE_SR(successful rate)是对应的收敛算法在最大迭代次数内多次独立运行达到最优值的比例,DE_SR 是对应的经典差分演化算法在最大迭代次数内多次独立运行达到最优值的比例。

　　所有算法采用语言 C 编程,在 Microsoft Windows XP、Inter(R) Core(TM) CPU、T5750(2.0 GHz)、RAM 2.00GB 环境执行。

6.4　本 章 小 结

　　螺旋压缩弹簧参数优化问题是机械工程设计中常见的一类整型-离散型-实型的混合变量约束优化问题。基于上一章给出的子空间聚类差分演化算法,设计了面向该类问题的收敛的差分演化算法,并给出了相应的数值仿真实验。该应用问题上的实验结果表明,子空间聚类算子增强了经典差分演化算法的搜索能力,与同类算法的比较实验结果还显示了子空间聚类收敛差分演化算法 rand/1 版本的竞争力。

参 考 文 献

［1］ Lampinen J, Zelinka I. Mixed integer-discrete-continuous optimization by differential evolution［C］//Proceedings of the 5th International Conference on Soft Computing,1999:77-81.

［2］ Sandgren E. Nonlinear integer and discrete programming in mechanical design optimization［J］. Journal of Mechanical Design,1990,112(2):223-229.

［3］ Chen J L, Tsao Y C. Optimal design of machine elements using genetic algorithms［J］. Chung-Kuo Chi Hsueh Kung Ch'eng Hsueh Pao,1993,14(2):193-199.

［4］ Wu S J, Chow P T. Genetic algorithms for nonlinear mixed discrete-integer optimization problems via meta-genetic parameter optimization［J］. Engineering Optimization, 1995, 24(2):137-159.

［5］ 胡中波,苏清华. 求解混合变量优化问题的自适应差分演化算法［J］. 武汉理工大学学报, 2010,(3):167-172.

第7章 薄膜太阳能电池抗反射层微结构设计与优化

本章主要对薄膜太阳能电池抗反射层微结构设计与优化进行较为深入地研究。首先,提出一种基于 SiN_x/SiO_xN_y 结构的薄膜太阳能电池抗反射层结构,采用差分演化算法来对抗反射层的结构参数进行优化,以最大限度地增强太阳能电池的光吸收;接着提出一种相对简单的双层 SiO_2/SiC 和三层 $SiO_2/Si_3N_4/SiC$ 梯度抗反射层结构,并采用差分演化算法对该结构的每一层厚度进行优化。然后,对介质纳米粒子结构的光捕获增强性能进行深入的研究,研究结果表明,最优的介质纳米粒子结构实际上等价于一种"低-高-低"折射率模式的多层梯度抗反射层。最后,对石墨烯透明电极的光捕获性能进行深入的分析,并提出一种新颖的 $SiO_2/SiC/Graphene$ 抗反射层结构,优化结果表明石墨烯是一个非常有前景的新材料,可以代替传统的 ITO,作为一种低成本的薄膜太阳能电池透明导电薄膜。

7.1 薄膜太阳能电池抗反射层研究现状

目前,世界上使用的能源 88% 是由煤炭、石油、天然气等矿物燃料提供的[1],每年燃烧矿物燃料会向大气释放大约 5×10^9 吨的 CO_2,以及氮氧化物等大量有害气体,这是造成温室效应和酸雨的主要因素,会对环境造成严重的污染。同时,这些能源均属于不可再生资源,储量有限。因此,寻找和使用清洁的可再生能源实属当务之急。

太阳能作为一种新能源,相对其他能源有着清洁、高效和永不枯竭的特点,能够彻底解决未来的资源枯竭问题,已经成为 21 世纪最具决定力的技术领域之一。随着各国政府纷纷将太阳能定为重要的可持续发展战略,太阳能更加表现出巨大的发展潜力。20 世纪 70 年代"石油危机"发生以来,太阳能电池的研究开发一直在快速发展,1984 年全世界 PV 产量 4.5MW,1997 年达到 122MW,目前仍以 15%～30%的速度增长[2]。

世界上一些著名分析预测研究机构、太阳能专家、跨国公司和一些国家政府也纷纷预测,认为到 21 世纪中叶,太阳能在世界能源构成中将占 50%的份额,太阳能将成为世界可持续发展的基础能源。

在太阳能的有效利用中,光伏发电是近年来发展最快、最具发展潜力、最受瞩目的研究领域,太阳能发电近期可解决特殊应用领域的需要,远期将大规模的应用,预计到 2030 年光伏发电产量将占世界总发电量的 5%～20%。目前光伏产业主流的电池产品为多晶硅电池,其光电转换效率可达 24%,但是成本过高。今后的研究方向就是保证高光电转化效率的前提下继续降低制造成本,薄膜化是太阳能电池发展的必由之路,代表未来发展方向的也是薄膜太阳能电池[3]。

能源高度紧缺、环境严重破坏使得属于清洁、可再生能源的太阳能资源的利用在全球范围备受关注,很多民间组织及国家政府都投入了大量人力、物力及财力研制和开发生产太阳能电池。薄膜太阳能电池由于原材料硅用量极少、成本低、制备工艺简单、转换效率提高潜力大等优点,备受全球关注。具有高效太阳光采集能力的材料及结构的设计和制备成了先进薄膜太阳能电池的关键,也是该领域科研人员需迫切解决的问题[4]。

薄膜太阳能电池,顾名思义就是将传统的太阳能电池薄膜化,用一层薄膜制备成太阳能电池。其原材料硅用量极少,更容易降低成本。在国际市场硅原材料持续紧张的境况下,太阳能电池薄膜化已成为国际光伏市场发展的新趋势和新热点。

当前,薄膜太阳能电池发展迅速,已经能进行产业化大规模生产的薄膜太阳能电池主要有硅基薄膜太阳能电池、铜铟镓硒薄膜太阳能电池(CIGS)和碲化镉薄膜太阳能电池(CdTe)。

1) 多晶硅薄膜太阳能电池

多晶硅薄膜太阳能电池比传统的单晶硅电池成本低廉,而效率又高于非晶硅薄膜太阳能电池,目前实验室最高转换效率已经达到 18%,产业化规模生产的电池转换效率也超过了 10%。因此,在不久的将来,多晶硅薄膜太阳能电池将会在太阳能电池市场占据主导地位。

从 20 世纪 70 年代开始,人们就已经试图在廉价衬底上沉积多晶硅薄膜,生长条件一直处于摸索阶段,现有的技术已经可以制备出较好的纳米多晶硅薄膜太阳能电池。目前,制备多晶硅薄膜的工艺方法主要有液相外延法(LPE)、等离子体溅射沉积法、化学气相沉积法(CVD 法)、离子体增强化学气相沉积法(PECVD 法)等。

日本 Kaneka 公司利用 PECVD 法生长多晶硅薄膜,以玻璃为衬底,生长温度低于 600℃,太阳电池的转换效率达到 10.7%。澳大利亚太平洋光伏公司以钢化玻璃为衬底,制备的多晶硅薄膜太阳电池的效率达到 8%。美国 Astropower 公司采用液相外延法 LPE 法制备的多晶硅薄膜太阳能电池转换效率达到 12.2%[5]。Sony 公司利用多孔硅分离技术,制备的多晶硅薄膜太阳电池的最高转换效率可以达到 12.5%。德国 Fraunhofer 研究所分别在石墨和 SiC 陶瓷上制备薄膜太阳电池,效率分别达到 11% 和 9.3%[6]。日本三菱公司在 SiO_2 上制备出的多晶硅薄膜太阳电池,其效率高达 16.5%[7]。北京市太阳能研究所采用快速热化学气相沉积法（RTCVD），以重掺杂的单晶硅作为衬底制备的多晶硅薄膜太阳能电池，效率达到 13.61%。

2）非晶硅薄膜太阳电池

早在 20 世纪 70 年代，Carlson 等用辉光放电分解甲烷的方法成功实现了氢化非晶硅薄膜的淀积，正式开启了对非晶硅薄膜太阳能电池的研究，近年来随着研究成果的不断发表和研究技术的不断成熟，这种太阳能电池产品开始进行工业化生产。制造非晶硅薄膜太阳电池的方法主要有辉光放电法、化学气相沉积法和反应溅射法等。

非晶硅薄膜太阳能电池具有原材料硅用量小、电池成本低、重量轻、转换效率较高，便于大规模生产的特点。然而，非晶硅材料光学带隙宽度小，对太阳辐射长波段区域的光谱不敏感，因此电池的吸收转换效率被大大限制。此外，非晶硅材料光电效率会随着光照时间的延续而衰减，显现出光致衰退 S-W 效应，使电池性能不稳定，影响电池的实际应用。如果能在提高太阳能转换率的基础上解决性能不稳定的问题，非晶硅薄膜太阳能电池将是薄膜太阳能电池的主要发展产品之一。

3）多元化合物薄膜太阳能电池

目前，在发展硅系太阳能电池的同时，人们也在寻找硅基太阳能电池的替代品，多元化合物薄膜太阳能电池的研发备受关注。多元化合物电池的材料是无机盐，主要包括铜铟镓二硒、砷化镓Ⅲ～Ⅴ族化合物、硫化镉及铜铟硒薄膜电池等。

铜铟镓二硒太阳光电池具有材料成本低、光电效率高等优势，实验室光电效率可高达 19%，并且商业模块也能达到 13%左右。同时，随着光电池中铟镓含量高低不同，光吸收范围也会有所不同，因此能够进一步提高电池组织效能。但是，在厂商的研发过程中发现该技术在商业化推广中还存在如下问题。

① 这类产品投资成本高、制造过程复杂。

② 隐藏在电池中的镉具有毒性，如果外漏将危害人体健康。

③ 铟在自然界中的蕴藏量有限，限制了其大规模推广。

砷化镓属于Ⅲ～Ⅴ族化合物半导体材料，由砷化镓制成的太阳能电池在航天领域得到广泛应用。砷化镓太阳能电池的转化效率较高，单结的太阳能电池的转化效率可达 26%～28%，2、3 结的太阳能电池的转化效率将更高。砷化镓薄膜太阳能电池具有耐辐射、温度特性好、适合聚光发电等优点，但是 GaAs 材料的高价格很大程度上限制了 GaAs 电池的普及。

硫化镉薄膜太阳能电池是用硫化亚铜为阻挡层构成异质结，按理论计算硫化镉材料的光电转换效率可达 16.4%。虽然硫化镉太阳能电池制造简单、设备容易操作、便于大规模生产，但是剧毒镉会对环境造成严重的污染。

铜铟硒薄膜太阳能电池的转换效率从 80 年代最初 8%发展到目前的 15%左右。1996 年美国可再生能源研究室研制出的铜铟硒薄膜太阳能电池转换效率高达 18.8%，是薄膜太阳能电池的世界纪录。铜铟硒薄膜太阳能电池的优点是价格低廉、性能良好、工艺简单；缺点是转换效率会随着太阳能电池面积的增加而急剧下降，另外原材料铟和硒都是比较稀有的元素。因此，这类电池的发展又必然受到限制。

综述以上多种薄膜太阳能电池，硅基薄膜太阳能电池原料成本低下，原料资源丰富，不对环境造成污染，并且光电转换效率提高潜力大，是将来薄膜太阳能电池研究的重点。

7.2　梯度氮化硅/氮氧化硅结构的光捕获设计与优化

目前，在薄膜太阳能电池领域，各种各样的光捕获结构被提出，如单层减反射膜、表面绒面化，以及通过斜角沉积方法所获得的 SiO_2/TiO_2 梯度多层抗反射层结构等。然而，单层减反射膜仅对特定波段的波长有较好的减反射作用；表面绒面化对仅有 $0.24\mu m$ 厚度的薄膜硅而言，并不适用；SiO_2/TiO_2 梯度结构的热力学稳定性有待改进，而且由于结构中存在空穴，因此容易被腐蚀。最近，一种通过等离子增强化学气相沉积方法获得的 SiN_x/SiO_xN_y 梯度结构被提出，该结构不存在上述结构的缺点，而且其折射率 n 可以实现 $1.48 \sim 2.65$ 连续变化。因此，我们可以将 SiN_x/SiO_xN_y 梯度结构应用于薄膜太阳能电池，以最大限度地提高薄膜太阳能电池的光捕获能力。

7.2.1　优化模型

采用梯度 SiN_x/SiO_xN_y 结构作为抗反射层，沉积在非晶硅薄膜太阳能电池的顶部，可以获得一个理想的宽带抗反射属性，从而增强薄膜太阳能电池的光吸收性能。

为了研究结构参数对梯度 SiN_x/SiO_xN_y 结构抗反射层性能的影响，对薄膜太阳能电池结构进行一个全波光学模拟实验，薄膜太阳能电池的模型结构如图 7.1 所示，其中 ITO(20nm)/a-Si：H(240nm)/Al(80nm)，梯度 SiN_x/SiO_xN_y 结构抗反射层沉积在非晶硅薄膜太阳能电池的顶部，h_v 表示光能。

在图 7.1 中，梯度 SiN_x/SiO_xN_y 结构抗反射层包括五个结构参数，即层数 n、梯度结构系数 p、抗反射层厚度 d、顶层介电常数 ε_{low} 和低层介电常数 ε_{high}。整个梯度 SiN_x/SiO_xN_y 结构抗反射层被分成相同厚度的 n 层，每一层的厚度为 d/n（d 表示抗反射层的总厚度）。顶层和低层分别代表梯度 SiN_x/SiO_xN_y 结构抗反射层的外层和内层。因此，从顶层到低层，SiN_x/SiO_xN_y 结构的介电常数从最低值 ε_{low} 增加到最高值 ε_{high}，每一层的介电常数可以定义为

$$\varepsilon = \varepsilon_{low} + (\varepsilon_{high} - \varepsilon_{low})(1 - x^{1/p}) \qquad (7.1)$$

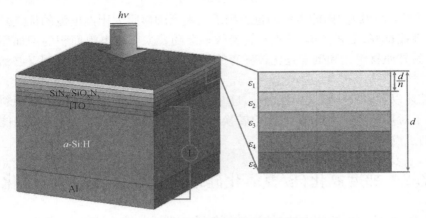

图 7.1　薄膜太阳能电池的模型结构

其中，x 表示抗反射层的相对厚度；p 表示梯度 SiN_x/SiO_xN_y 结构抗反射层的结构系数。

介电常数 ε、相对厚度 x 和梯度结构系数 p 之间的关系图如图 7.2 所示。

当结构系数 p 等于 1 时，每一层的介电常数将服从一个线性模式；当结构系数 p 大于 1 或者小于 1 时，每一层的介电常数将会服从一个非线性模式。

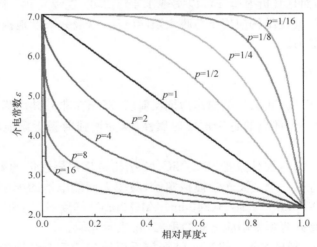

图 7.2　介电常数 ε、相对厚度 x 和梯度结构系数 p 之间的关系图

采用时域有限差分(FDTD)方法[8,9]对薄膜太阳能电池进行模拟。薄膜太阳能电池的边界条件设置如图 7.3 所示。

为了分析太阳能电池的光学性能，假设太阳能光谱服从 AM1.5G 标准。在模拟计算过程中，所有材料的光学数据均来自 SOPRA 数据库[10]。非晶硅、ITO 和铝的复折射率数据分别取自文件 SIAM1.mat、ITO2.mat 和 AL.mat。

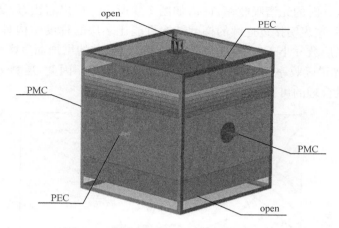

图 7.3　薄膜太阳能电池的边界条件设置

在光学模拟过程中,可以通过下述公式来计算非晶硅层的光吸收功率,即

$$Q_{abs}(\omega) = \frac{\omega\varepsilon_0}{2}\int_V \text{Im}[\varepsilon(\omega)] \cdot |E|^2 dV \qquad (7.2)$$

其中,V 表示非晶硅层的体积;E 表示电场强度,可以从模拟计算中获取;ε_0 表示自由空间的介电常数。

此外,为了对光吸收进行定量评估,我们采用如下所示的光谱吸收率来进行分析,即

$$A(\omega) = \frac{Q_{abs}(\omega)}{Q_{inc}(\omega)} \qquad (7.3)$$

其中,Q_{inc} 表示入射光谱功率,$Q_{inc}(\omega) = S \cdot F(\omega)$。

为了研究光捕获的宽带增强性能,计算出非晶硅层的综合吸收功率,定义

$$Q_{abs}^{total} = \int A(\omega) \cdot F(\omega) d\omega \qquad (7.4)$$

然后,通过下述公式计算出综合增强率 G,即

$$G = \frac{Q_{abs}^{total} - Q_{abs}^{total}(\text{Ref})}{Q_{abs}^{total}(\text{Ref})} \qquad (7.5)$$

其中,$Q_{abs}^{total}(\text{Ref})$ 表示没有任何梯度 SiN_x/SiO_xN_y 抗反射层的参考电池。

7.2.2　单因素分析

本节主要研究结构参数对梯度 SiN_x/SiO_xN_y 抗反射层性能的影响,分别对单个因素的影响进行分析,包括层数 n、梯度结构系数 p 和抗反射层厚度 d。

（1）层数 n 对光吸收增强的影响

初始条件 $p=4$,$d=50\text{nm}$,$\varepsilon_{low}=2.2$ 和 $\varepsilon_{high}=7.0$,层数 n 的优化范围为 $2 \leqslant n \leqslant 15$。

　　不同层数 n 时的光谱吸收率 $A(\omega)$ 如图 7.4 所示。可以看出,层数 n 越大,光谱吸收率越高,这表明接近连续的梯度结构可能比多层的梯度结构具备更优的光谱吸收率。当层数 n 小于 5 时,光谱吸收率随着层数 n 的增加而急剧增加;当层数 n 大于 5 时,光谱吸收率随着层数 n 的增加而变化缓慢。因此,层数 n 等于 5 时,可能是一个最合理的可行参数。

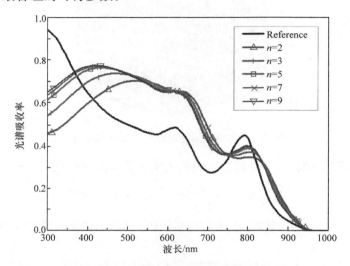

图 7.4　不同层数 n 时的光谱吸收率

　　为了进一步研究光捕获的宽带增强,分析层数 n 对宽带光捕获增强 G 的影响如图 7.5 所示。可以看出,存在着一个最优的层数 n,其综合的宽带增强 G 最大化。结果表明,当层数 n 从 2 增加到 15 时,宽带光捕获增强 G 首先急剧地增加,当层数 n 等于 5 时达到 $G=31.95\%$ 的最优值;然后,光捕获增强 G 开始缓慢地减少。当层数 n 大于等于 10 时,其光捕获增强 G 要比 $n=5$ 时的光捕获增强差。

　　因此,图 7.5 的优化结果清楚地表明,层数 $n=5$ 时离散的多层梯度抗反射层能够超越层数 $n=10$ 或更多时的接近连续的梯度抗反射层。根据该结论,在下面的优化计算中,层数 n 均设置为 $n=5$。

　　(2)结构系数 p 对光吸收增强的影响

　　初始条件 $n=5$,$d=50\text{nm}$,$\varepsilon_{\text{low}}=2.2$ 和 $\varepsilon_{\text{high}}=7.0$,结构系数 p 的优化范围为 $1/16 \leqslant p \leqslant 16$。

　　不同结构系数 p 时的光谱吸收率 $A(\omega)$ 如图 7.6 所示。可以看出,结构系数 p 越大,光谱吸收率越高。

　　当结构系数 p 小于 1 时,例如 $p=1/4$ 或 $1/16$,SiN_x/SiO_xN_y 层的大部分具备较高的介电常数(ε 接近于 7.0)。大部分的入射光从 SiN_x/SiO_xN_y 层直接反射回去,因此导致极低的光谱吸收率。

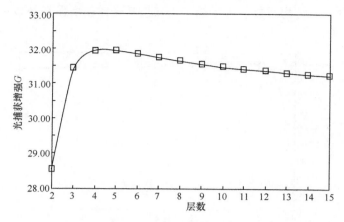

图 7.5　层数 n 对宽带光捕获增强 G 的影响

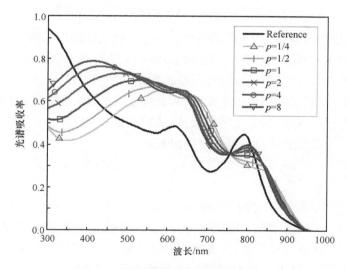

图 7.6　不同结构系数 p 时的光谱吸收率

相反,当结构系数 p 大于 1 时,如 $p=8$ 或 16,SiN_x/SiO_xN_y 层的大部分具备较低的介电常数(ε 接近于 2.2),除了底层的 SiN_x/SiO_xN_y 层有一个较高的介电常数($\varepsilon=7.0$)。该结构具备较好的抗反射性能,因此能够获得一个较高的光谱吸收率。

为了进一步研究光捕获的宽带增强,分析结构系数 p 对宽带光捕获增强 G 的影响,如图 7.7 所示。可以看出,存在一个最优的结构系数 p,其综合的宽带增强 G 最大化。

结果表明,当结构系数 p 从 1/16 增加到 16 时,宽带光捕获增强 G 首先急剧地增加,当结构系数 p 等于 4 时达到 $G=31.95\%$ 的最优值;然后,光捕获增强 G 开始缓慢地减少。当结构系数 p 大于等于 16 时,其光捕获增强 G 比 $p=4$ 时的光捕获增强差。

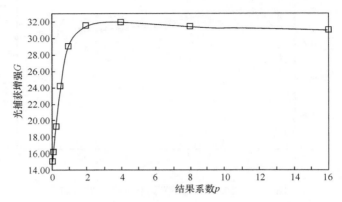

图 7.7　结构系数 p 对宽带光捕获增强 G 的影响

　　最后,比较结构系数 $p=1$ 时的线性介电常数模式和结构系数 $p=4$ 时的非线性介电常数模式。当 $p=1$ 时,宽带光捕获增强 G 仅为 29.05%;当 $p=4$ 时,宽带光捕获增强 G 为 31.95%,可以获得明显的改进。

　　因此,图 7.7 的优化结果清楚地表明,非线性的介电常数模式(结构系数 $p=4$ 或更大)要明显优于线性的介电常数模式(结构系数 $p=1$)。

　　(3) 抗反射层厚度 d 对光吸收增强的影响

　　初始条件 $n=5$,$p=4$,$\varepsilon_{low}=2.2$ 和 $\varepsilon_{high}=7.0$,抗反射层厚度 d 的优化范围为 $10\mathrm{nm}\leqslant d\leqslant 100\mathrm{nm}$。

　　不同抗反射层厚度 d 时的光谱吸收率 $A(\omega)$ 如图 7.8 所示。可以看出,当抗反射层厚度 d 从 30nm 增加到 80nm 时,在 400nm 的短波长附近,光谱吸收率逐渐地下降;在 700nm 的长波长附近,光谱吸收率逐渐地上升。因此,应该存在一个最优的抗反射层厚度 d,使得综合的宽带光捕获增强 G 最大化。

　　抗反射层厚度 d 对宽带光捕获增强 G 的影响如图 7.9 所示。可以看出,当抗反射层厚度 d 从 10nm 增加到 100nm 时,宽带光捕获增强 G 首先显著地增加,然后开始缓慢地下降。当抗反射层厚度 $d=60$nm 时,宽带光捕获增强达到 $G=32.30\%$ 的最优值。

　　因此,图 7.8 和图 7.9 的优化结果表明,精确地控制抗反射层厚度 d 的取值能够明显地增强非晶硅薄膜太阳能电池的光捕获性能。

7.2.3　基于差分演化算法的设计与优化

　　前面章节已经详细地分析了层数 n、梯度结构系数 p 和抗反射层厚度 d 对薄

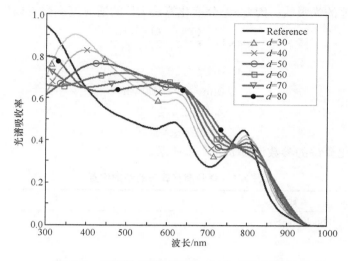

图 7.8 不同抗反射层厚度 d 时的光谱吸收率

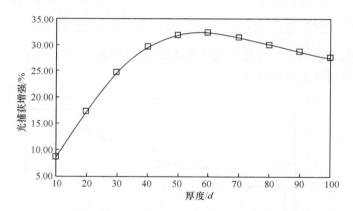

图 7.9 抗反射层厚度 d 对宽带光捕获增强 G 的影响

膜太阳能电池光捕获性能的单因素影响。当分析某一个因素的影响时,假设其他变量是固定不变的。在实际情况中,这些单个的参数之间可能存在冲突,彼此对整体性能的影响可能是非线性的。某一个参数对整体性能而言是最优时,其他参数的设置可能不是最优的,因此对各个参数进行优化,实际上是一个全局优化问题。要想找到一组全局最优解可能是一个 NP 难问题,传统逐一调整参数的方法所获得的解有可能不是全局最优解。因此,可以借助于一些人工智能的方法(如差分演化算法 DE 等)来对 SiN_x/SiO_xN_y 抗反射层的结构参数进行全局优化。

差分演化算法 DE 的目标是寻找一组最优的结构参数,包括结构系数 p、抗反射层厚度 d、顶层介电常数 ε_{low} 和底层介电常数 ε_{high},以便最大限度地增加非晶硅薄

膜太阳能电池的光吸收。因此,差分演化算法 DE 的适应度函数可以定义为

$$\max G = \frac{Q_{abs}^{total} - Q_{abs}^{total}(Ref)}{Q_{abs}^{total}(Ref)} \tag{7.6}$$

$$\text{s. t.}\quad 0 < p \leqslant 20 \tag{7.7}$$

$$0nm < d \leqslant 100nm \tag{7.8}$$

$$2.2 \leqslant \varepsilon_{low} \leqslant 7.0 \tag{7.9}$$

$$2.2 \leqslant \varepsilon_{high} \leqslant 7.0 \tag{7.10}$$

差分演化算法的参数设置如表 7.1 所示。

表 7.1　差分演化算法的参数设置

参数	值
Population Size	30
Scale Factor	0.5
Crossover Rate	0.2
Crossover Strategy	DE/rand-to-best/1/exp
Maximum Generations	200

　　差分演化算法的运行代数收敛情况如图 7.10 所示。可以看出,差分演化算法在 200 代之前基本上已经收敛。

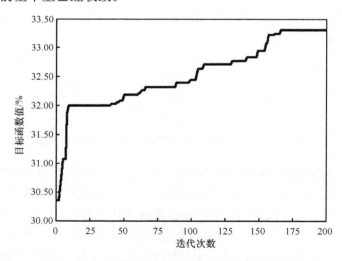

图 7.10　差分演化算法优化的运行代数收敛图

　　不同运行代数下的 SiN_x/SiO_xN_y 抗反射层结构设计的最优解如表 7.2 所示。可以看出,目标函数值 G 变得越来越高,从 32.19% 增加到 33.31%,因此通过差分演化算法的参数优化,非晶硅薄膜太阳能电池的光吸收增强能够获得最大限度地提高。

表 7.2　不同运行代数的 SiN_x/SiO_xN_y 抗反射层结构设计的最优解

Gen.	p	d/nm	ε_{low}	ε_{high}	G/%	ε_1	ε_2	ε_3	ε_4	ε_5
50	3.34	55.66	2.28	6.75	32.19	2.28	2.65	3.12	3.80	6.75
100	6.28	63.97	2.20	5.91	32.44	2.20	2.37	2.59	2.93	5.91
150	13.78	65.83	2.28	6.75	32.94	2.28	2.37	2.50	2.71	6.75
200	20.00	73.68	2.20	7.00	33.31	2.20	2.27	2.36	2.52	7.00

　　例如,当运行代数为 50 时,最优的结构参数(包括结构系数 p,抗反射层厚度 d,顶层介电常数 ε_{low} 和底层介电常数 ε_{high})分别为 3.34,55.66nm,2.28 和 6.75;五层抗反射层的介电常数分别为 $\varepsilon_1=2.28,\varepsilon_2=2.65,\varepsilon_3=3.12,\varepsilon_4=3.80$ 和 $\varepsilon_5=6.75$;非晶硅薄膜太阳能电池的光吸收增强能够获得 $G=32.19\%$ 的改进。然而,当运行代数为 200 时,最优的结构参数分别为 20.00,73.68nm,2.20 和 7.00;五层抗反射层的介电常数分别为 $\varepsilon_1=2.20,\varepsilon_2=2.27,\varepsilon_3=2.36,\varepsilon_4=2.52$ 和 $\varepsilon_5=7.00$;非晶硅薄膜太阳能电池的光吸收增强能够获得 $G=33.31\%$ 的改进。

　　因此,这里提出的采用差分演化算法来优化 SiN_x/SiO_xN_y 抗反射层的结构参数是一个行之有效的方法,能够最大限度地提高非晶硅薄膜太阳能电池的光吸收。

　　最后,为了验证 SiN_x/SiO_xN_y 抗反射层结构的光吸收增强,对参考电池和 SiN_x/SiO_xN_y 抗反射层结构电池的电场强度分布进行比较如图 7.11 所示。图 7.11 的电场强度分布比较结果清楚地表明,SiN_x/SiO_xN_y 抗反射层结构能够显著地增加非晶硅层的电场强度,因此能够在整个可见光和近红外波段增加非晶硅薄膜太阳能电池的光吸收。

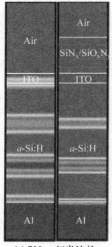  

　(a) 700nm红光波长　　　　　(b) 625nm橙光波长　　　　　(c) 600nm绿光波长

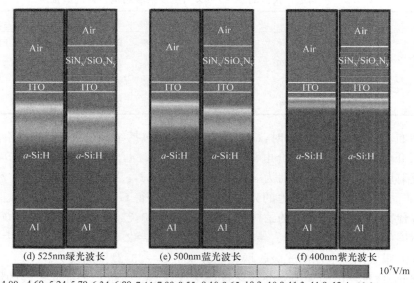

(d) 525nm绿光波长   (e) 500nm蓝光波长   (f) 400nm紫光波长

10^7V/m

4.00 4.69 5.24 5.79 6.34 6.89 7.44 7.99 8.55 9.10 9.65 10.2 10.8 11.3 11.9 12.4 13.0

图 7.11   参考电池和 SiN_x/SiO_xN_y 抗反射层结构电池的电场强度分布比较

7.2.4   与纳米粒子结构的性能比较

此外,通过与纳米粒子结构的性能进行比较,可以进一步调查 SiN_x/SiO_xN_y 抗反射层结构的光捕获增强性能。

Akimov 等通过数值模拟的方法证明,SiC 和 TiO_2 等介质的纳米粒子结构能够产生和等离子体的 Ag 纳米粒子一样甚至更强的光捕获增强[11]。在优化结果中,Ag 纳米粒子、SiC 和 TiO_2 介质纳米粒子分别能够获得 10%、29% 和 23% 的光捕获增强。此外,数值计算结果表明,理想的介质纳米粒子能够获得 32% 的理论极限值。

这里仍然采用差分演化算法来对 SiC 和 TiO_2 纳米粒子结构的参数进行最优化设计,以便最大限度地增加非晶硅薄膜太阳能电池的光吸收。

纳米粒子结构的非晶硅薄膜太阳能电池模型如图 7.12 所示。在图 7.12 中,纳米粒子沉积在非晶硅薄膜太阳能电池的顶部。纳米粒子假设是球形的,并且均匀排列。纳米粒子结构包括两个几何参数,分别是纳米粒子半径 r 和晶格常量 a。

差分演化算法的目标是寻找一组最优的结构参数 r 和 a,以使得非晶硅薄膜太阳能电池的光吸收增强 G 最大化。纳米粒子半径 r 和晶格常量 a 的优化范围分别为 0nm$<r\leqslant a/2$nm 和 0nm$<a\leqslant$200nm。

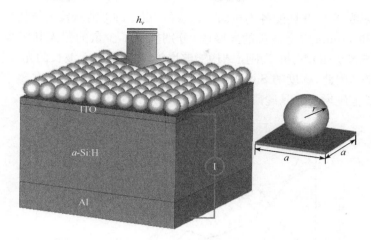

图 7.12　纳米粒子结构的非晶硅薄膜太阳能电池模型图

此处,ITO、非晶硅和铝的厚度分别设置为 20nm、240nm 和 80nm[11]。模拟计算过程中,所有材料的光学数据均来自于 SOPRA 数据库。其中,SiC 和 TiO₂ 的复折射率数据分别取自文件 SIC. mat 和 TIO2. mat。

SiC、TiO₂ 纳米粒子结构和 SiNₓ/SiOₓNᵧ 抗反射层结构的最优解比较如表 7.3所示。从表 7.3 的优化结果可以看出,SiC 和 TiO₂ 纳米粒子分别能够获得 $G=$28.68% 和 $G=24.18$% 的光捕获增强,这一结果与文献[11]中的 $G=29$% 和 $G=$23% 十分接近。SiC 和 TiO₂ 纳米粒子结构的最优参数均为 $a=50$nm 和 $r=25$nm。

表 7.3　SiC、TiO₂ 纳米粒子结构和 SiNₓ/SiOₓNᵧ 抗反射层结构的最优解比较

Structure	Enhancement $G/\%$	Optimal parameters optimized by DE
SiC nanoparticles	28.68	$a=50$nm, $r=25$nm
TiO₂ nanoparticles	24.18	$a=50$nm, $r=25$nm
graded SiNₓ/SiOₓNᵧ	33.31	$n=5, p=20.00, d=73.68$nm, $\varepsilon_{low}=2.20, \varepsilon_{high}=7.00$

然而,梯度 SiNₓ/SiOₓNᵧ 抗反射层结构能够获得 $G=33.31$% 的光捕获增强,结果远远超过了 SiC 和 TiO₂ 纳米粒子的 $G=28.68$% 和 $G=24.18$% 的光捕获增强。此外,最优的 SiNₓ/SiOₓNᵧ 抗反射层结构已经获得了 33.31% 的光捕获增强,这一增强已经超过纳米粒子结构的 32% 的理论极限值,包括等离子体的 Ag 纳米粒子、介质的 SiC 和 TiO₂ 纳米粒子[11]。

为了进一步调查光捕获的宽带增强性能,对 SiC、TiO₂ 纳米粒子结构和 SiNₓ/SiOₓNᵧ 抗反射层结构的光谱吸收率进行比较如图 7.13 所示。图 7.13 清楚地表明,三种结构的光捕获性能各不相同。最优的 SiC、TiO_2 纳米粒子结构分别能够增加 415nm 和 440nm 以上波长的光吸收,分别覆盖了少量的紫光和极少的紫光光谱。然而,SiN_x/SiO_xN_y 抗反射层结构能够增加 370nm 以上波长的光吸收,覆盖整个紫光光谱。因此,梯度的 SiN_x/SiO_xN_y 抗反射层结构几乎能够在整个可见光和近红外波长范围增加非晶硅薄膜太阳能电池的光吸收[12]。

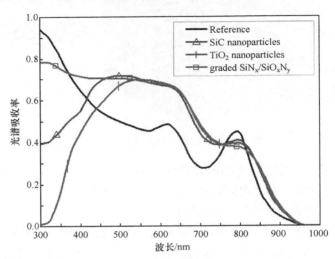

图 7.13　SiC、TiO_2 纳米粒子结构和 SiN_x/SiO_xN_y 抗反射层结构的光谱吸收率比较

　　本节提出一种基于 SiN_x/SiO_xN_y 结构的薄膜太阳能电池抗反射层结构。采用差分演化算法来对抗反射层的结构参数进行优化,以最大限度地增强太阳能电池的光吸收。优化结果表明,非线性的折射率分布模式明显优于线性的折射率分布模式,离散的多层梯度抗反射层性能能够超过连续的多层梯度抗反射层。此外,电场强度分布结果清楚地表明,SiN_x/SiO_xN_y 抗反射层结构能够显著地增加非晶硅层的电场强度,因此能够明显增强非晶硅薄膜太阳能电池在整个可见光和近红外波段的光捕获能力。最后,将 SiN_x/SiO_xN_y 抗反射层结构与纳米粒子结构进行了比较,比较结果表明,SiN_x/SiO_xN_y 抗反射层比介质的 SiC 和 TiO_2 纳米粒子具有最强的光捕获性能。理论计算结果表明,最优的 SiN_x/SiO_xN_y 抗反射层结构能够获得 33.31% 的光捕获增强,这一性能已经超过了纳米粒子结构的 32% 的理论极限值(包括等离子体的 Ag 纳米粒子、介质的 SiC 和 TiO_2 纳米粒子等)。

7.3　多层梯度抗反射层结构设计与优化

　　近年来,连续的多层梯度抗反射层结构被提出,如 SiO_2/TiO_2 连续多层梯度结构等。最近的理论研究成果表明,离散的多层梯度结构,其性能可能会超过连续的多层梯度结构。因此,本节尝试对一种简单的 SiO_2/SiC 双层结构和 $SiO_2/Si_3N_4/SiC$ 三层结构进行优化设计,以期望获得最佳的光捕获性能。

7.3.1 优化模型

为了减少实际的制备成本,提出一种相对简单的双层 SiO_2/SiC 和三层 $SiO_2/Si_3N_4/SiC$ 梯度抗反射层结构。

为了研究结构参数对双层 SiO_2/SiC 和三层 $SiO_2/Si_3N_4/SiC$ 梯度抗反射层结构性能的影响,对薄膜太阳能电池结构进行一个全波光学模拟实验,薄膜太阳能电池的模型结构如图 7.14 所示,其中 $ITO(20nm)/a$-Si:$H(240nm)/Al(80nm)$;$SiO_2/Si_3N_4/SiC$ 梯度抗反射层沉积在非晶硅薄膜太阳能电池的顶部;h_v 表示光能。

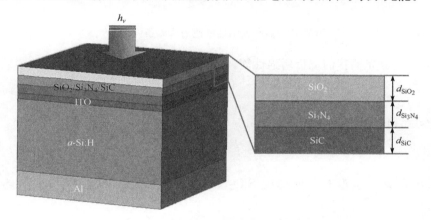

图 7.14 薄膜太阳能电池的模型结构

在图 7.14 中,$SiO_2/Si_3N_4/SiC$ 梯度抗反射层包括三个结构参数,即 SiO_2 层的厚度 d_{SiO_2}、Si_3N_4 层的厚度 $d_{Si_3N_4}$ 和 SiC 层的厚度 d_{SiC}。采用时域有限差分(FDTD)方法对薄膜太阳能电池进行模拟。薄膜太阳能电池的边界条件设置如图 7.15 所示。

为了分析太阳能电池的光学性能,假设太阳能光谱服从 AM1.5G 标准。在模拟计算过程中,所有材料的光学数据均来自于 SOPRA 数据库[10]。非晶硅、ITO、铝、SiO_2、Si_3N_4 和 SiC 的复折射率数据分别取自文件 SIAM1.mat、ITO2.mat、AL.mat、SIO2.mat、SI3N4.mat 和 SIC.mat。

在光学模拟过程中,通过下式计算非晶硅层的光吸收功率,即

$$Q_{abs}(\omega) = \frac{\omega\varepsilon_0}{2}\int_V Im[\varepsilon(\omega)] \cdot |E|^2 dV \tag{7.11}$$

其中,V 表示非晶硅层的体积;E 表示电场强度,分布可以从模拟计算中获取;ε_0 表示自由空间的介电常数。

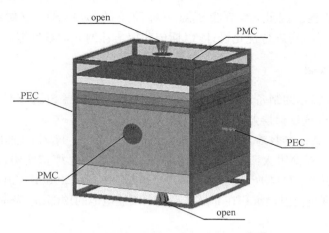

图 7.15　薄膜太阳能电池的边界条件设置

为了研究光捕获的宽带增强性能,计算出非晶硅层的综合吸收功率,即

$$P = \int_{AM1.5G} Q_{abs}(\omega)\,d\omega \tag{7.12}$$

然后,可以通过下述公式计算出综合增强率 G,即

$$G = \frac{P - P(\text{Ref})}{P(\text{Ref})} \tag{7.13}$$

其中,$P(\text{Ref})$ 表示没有任何梯度 SiO_2/SiC 或 $SiO_2/Si_3N_4/SiC$ 抗反射层的参考
电池。

7.3.2　基于差分演化算法的优化与设计

为了提高 SiO_2/SiC 和 $SiO_2/Si_3N_4/SiC$ 多层抗反射层结构的性能,我们采用
差分演化算法对每一层的厚度进行全局优化,以便最大限度地增加非晶硅薄膜太
阳能电池的光吸收。

差分演化算法 DE 的目标是寻找一组最优的结构参数,包括 SiO_2 层的厚度
d_{SiO_2}、Si_3N_4 层的厚度 $d_{Si_3N_4}$ 和 SiC 层的厚度 d_{SiC},以便最大限度地增加非晶硅薄膜
太阳能电池的光吸收。因此,差分演化算法 DE 的适应度函数可以定义为

$$\max \quad G = \frac{P - P(\text{Ref})}{P(\text{Ref})} \tag{7.14}$$

$$\text{s. t. } 0nm < d_{SiO_2} \leqslant 100nm \tag{7.15}$$

$$0nm < d_{Si_3N_4} \leqslant 100nm \tag{7.16}$$

$$0nm < d_{SiC} \leqslant 100nm \tag{7.17}$$

差分演化算法的参数设置如表 7.4 所示。

表7.4　差分演化算法的参数设置

参数	值
Population Size	30
Scale Factor	0.5
Crossover Rate	0.2
Crossover Strategy	DE/rand-to-best/1/exp
Maximum Generations	100

差分演化算法的运行代数收敛图如图 7.16 所示。可以看出,差分演化算法在 100 代之前基本上已经收敛。

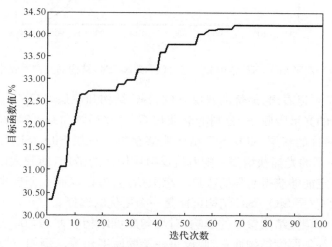

图 7.16　差分演化算法优化的运行代数收敛图

当运行代数为 100 代时,梯度 SiO_2/SiC 和 $SiO_2/Si_3N_4/SiC$ 抗反射层结构设计的最优解如表 7.5 所示。从表 7.5 可以看出,目标函数值 G 变得非常高,分别达到 34.15% 和 34.23% 的光捕获增强。因此,通过差分演化算法的参数优化,非晶硅薄膜太阳能电池的光吸收增强能够获得最大限度地提高。

表 7.5　梯度 SiO_2/SiC 和 $SiO_2/Si_3N_4/SiC$ 抗反射层结构设计的最优解

Structure	d_{SiO_2}/nm	$d_{Si_3N_4}$/nm	d_{SiC}/nm	G
SiO_2/SiC	68.5653	0	16.0655	34.15%
$SiO_2/Si_3N_4/SiC$	68.9035	7.2135	13.4531	34.23%

此外,为了进一步减少实际的制备成本,比较双层 SiO_2/SiC 结构和三层 $SiO_2/Si_3N_4/SiC$ 结构的光谱吸收率 $A(\omega)$ 如图 7.17 所示。

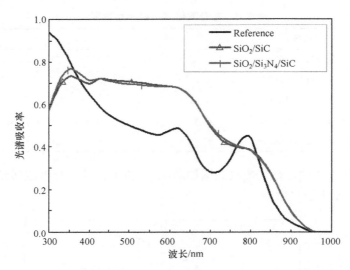

图 7.17　双层 SiO_2/SiC 结构和三层 $SiO_2/Si_3N_4/SiC$ 结构的光谱吸收率比较

从图 7.17 可以看出，最优的双层 SiO_2/SiC 结构和三层 $SiO_2/Si_3N_4/SiC$ 结构具有十分相似的光谱吸收率，分别能够获得 $G=34.15\%$ 和 $G=34.23\%$ 的光吸收增强。因此，最优的双层 SiO_2/SiC 结构能够获得和三层 $SiO_2/Si_3N_4/SiC$ 结构几乎相等的约 34% 的光捕获增强。随着抗反射层层数的增加，薄膜太阳能电池的光捕获增强不一定能够获得明显的改进。综上所述，考虑薄膜太阳能电池的实际制备成本，简单的双层 SiO_2/SiC 结构可能是一个更优的选择。

为了进一步调查结构参数的影响，对均匀厚度结构和非均匀厚度结构进行比较和讨论。对均匀厚度结构而言，假设每一层的厚度相等。例如，对双层的 SiO_2/SiC 结构而言，d_{SiO_2} 与 d_{SiC} 相等。对三层 $SiO_2/Si_3N_4/SiC$ 结构而言，d_{SiO_2}、$d_{Si_3N_4}$ 和 d_{SiC} 均相等。这里仍采用差分演化算法来对均匀厚度结构进行全局优化。

双层 SiO_2/SiC 结构的均匀厚度最优解和非均匀厚度最优解如表 7.6 所示。对于均匀厚度而言，当 $d_{SiO_2}=d_{SiC}=20.4124nm$ 时，能够获得最优的 $G=29.00\%$ 的光捕获增强，这一增强远远低于非均匀厚度的 $G=34.15\%$ 的光捕获增强。

表 7.6　双层 SiO_2/SiC 结构的均匀厚度最优解和非均匀厚度最优解

Structure	d_{SiO_2}/nm	$d_{Si_3N_4}$/nm	d_{SiC}/nm	G
Nonuniform thickness	68.5653	0	16.0655	34.15%
Uniform thickness	20.4124	0	20.4124	29.00%

三层 $SiO_2/Si_3N_4/SiC$ 结构的均匀厚度最优解和非均匀厚度最优解如表 7.7 所示。对于均匀厚度而言，当 $d_{SiO_2}=d_{Si_3N_4}=d_{SiC}=14.6043nm$ 时，能够获得最优的

G=30.13％的光捕获增强。这一增强远低于非均匀厚度的 G=34.23％的光捕获增强。

表 7.7　三层 $SiO_2/Si_3N_4/SiC$ 结构的均匀厚度最优解和非均匀厚度最优解

Structure	d_{SiO_2}/nm	$d_{Si_3N_4}$/nm	d_{SiC}/nm	G
Nonuniform thickness	68.9035	7.2135	13.4531	34.23％
Uniform thickness	14.6043	14.6043	14.6043	30.13％

综上所述,最优的设计结果表明,非均匀厚度的结构明显地超过均匀厚度的结构,而且最优的双层 SiO_2/SiC 结构能够获得和三层 $SiO_2/Si_3N_4/SiC$ 结构几乎相等的光捕获增强。因此,随着抗反射层层数的增加,薄膜太阳能电池的光捕获增强不一定能够获得明显的改进。

7.3.3　与纳米粒子结构的性能比较

与纳米粒子结构的性能进行比较,可以进一步调查 SiO_2/SiC 和 $SiO_2/Si_3N_4/SiC$ 抗反射层结构的光捕获增强性能。

Akimov 等已经证明,SiC 和 TiO_2 介质纳米粒子能够产生和等离子体的 Ag 纳米粒子一样,甚至更强的光捕获增强。在优化结果中,Ag 纳米粒子、SiC 和 TiO_2 纳米粒子分别能够获得 10％、29％和 23％的光捕获增强。

仍采用差分演化算法来对 SiC 和 TiO_2 纳米粒子结构的参数进行最优化设计,以便最大限度地增加非晶硅薄膜太阳能电池的光吸收。

纳米粒子结构的非晶硅薄膜太阳能电池模型如图 7.18 所示,其中纳米粒子沉积在非晶硅薄膜太阳能电池的顶部。差分演化算法的目标是寻找一组最优的结构

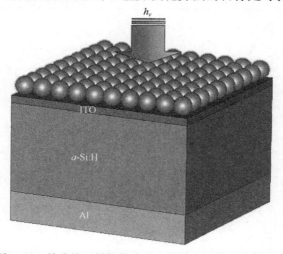

图 7.18　纳米粒子结构的非晶硅薄膜太阳能电池模型图

参数 R 和 p，使得非晶硅薄膜太阳能电池的光吸收增强 G 最大化。纳米粒子半径 R 和晶格常量 p 的优化范围分别为 0nm$<R\leqslant p/2$nm 和 0nm$<p\leqslant$200nm。

　　SiC、TiO_2 纳米粒子结构，双层 SiO_2/SiC 结构和三层 $SiO_2/Si_3N_4/SiC$ 结构的最优解比较如表 7.8 所示。从表 7.8 的优化结果可以看出，SiC 和 TiO_2 纳米粒子分别能够获得 G＝28.68％和 G＝24.18％的光捕获增强，这一结果与文献[11]中的 G＝29％和 G＝23％十分接近。SiC 和 TiO_2 纳米粒子结构的最优参数均为 p＝50nm 和 R＝25nm。

表 7.8　SiC、TiO_2 纳米粒子结构，双层 SiO_2/SiC 结构和三层 $SiO_2/Si_3N_4/SiC$ 结构的最优解比较

Structure	Enhancement G	Optimal parameters optimized by DE
SiC nanoparticles	28.68％	p＝50nm,R＝25nm
TiO_2 nanoparticles	24.18％	p＝50nm,R＝25nm
two-layer SiO_2/SiC	34.15％	d_{SiO_2}＝68.5653nm,d_{SiC}＝16.0655nm
three-layer $SiO_2/Si_3N_4/SiC$	34.23％	d_{SiO_2}＝68.9035nm,$d_{Si_3N_4}$＝7.2135nm d_{SiC}＝13.4531nm

　　然而，双层 SiO_2/SiC 结构和三层 $SiO_2/Si_3N_4/SiC$ 结构能够获得 G＝34.15％和 G＝34.23％的光捕获增强，该结果远远超过 SiC 和 TiO_2 纳米粒子的 G＝28.68％和 G＝24.18％的光捕获增强。此外，最优的三层 $SiO_2/Si_3N_4/SiC$ 结构已经获得 34.23％的光捕获增强，这一增强已经超过了纳米粒子结构的 32％的理论极限值，包括等离子体的 Ag 纳米粒子、介质的 SiC 和 TiO_2 纳米粒子。

　　为了进一步调查光捕获的宽带增强性能，对 SiC、TiO_2 纳米粒子结构和三层 $SiO_2/Si_3N_4/SiC$ 结构的光谱吸收率进行比较如图 7.19 所示。

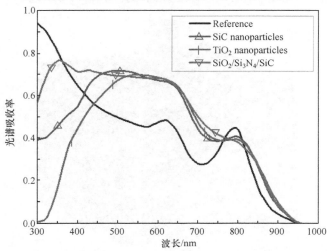

图 7.19　SiC、TiO_2 纳米粒子结构和三层 $SiO_2/Si_3N_4/SiC$ 结构的光谱吸收率比较

图 7.19 清楚地表明,三种结构的光捕获性能各不相同。最优的 SiC、TiO_2 纳米粒子结构分别能够增加 415nm 和 440nm 以上波长的光吸收,分别覆盖了少量的紫光和极少的紫光光谱。然而,三层 $SiO_2/Si_3N_4/SiC$ 结构能够增加 360nm 以上波长的光吸收,覆盖了整个紫光光谱。因此,梯度的三层 $SiO_2/Si_3N_4/SiC$ 结构几乎能够在整个可见光和近红外波长范围增加非晶硅薄膜太阳能电池的光吸收。

为了验证三层 $SiO_2/Si_3N_4/SiC$ 结构的光吸收增强,对参考电池和三层 $SiO_2/Si_3N_4/SiC$ 结构电池的电场强度分布进行比较,结果如图 7.20 所示。

图 7.20 的电场强度分布比较结果清楚地表明,三层 $SiO_2/Si_3N_4/SiC$ 结构能够显著地增加非晶硅层的电场强度,因此能够在整个可见光和近红外波段增加非晶硅薄膜太阳能电池的光吸收。

为了减少实际的制备成本,本节提出一种相对简单的双层 SiO_2/SiC 和三层 $SiO_2/Si_3N_4/SiC$ 梯度抗反射层结构。采用差分演化算法对该结构的每一层厚度进行优化,以最大限度地增加薄膜太阳能电池的光吸收。优化结果表明,非均匀厚度的多层结构明显优于均匀厚度的多层结构,双层的 SiO_2/SiC 结构能够获得与三层 $SiO_2/Si_3N_4/SiC$ 结构相近的光捕获增强。此外,最优的 $SiO_2/Si_3N_4/SiC$ 结构能够获得 34.23% 的光捕获增强,这一增强已明显超过纳米粒子结构的 32% 的理论极限值。电场强度分布结果表明,多层抗反射层结构能够在整个可见光和近红外波段显著增加薄膜太阳能电池的光捕获能力。

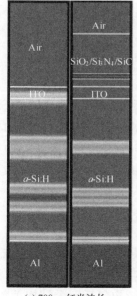

(a) 700nm红光波长

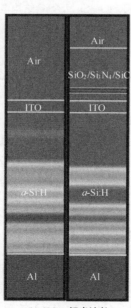

(b) 625nm橙光波长

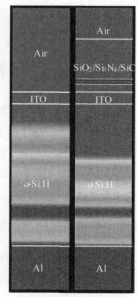

(c) 600nm黄光波长

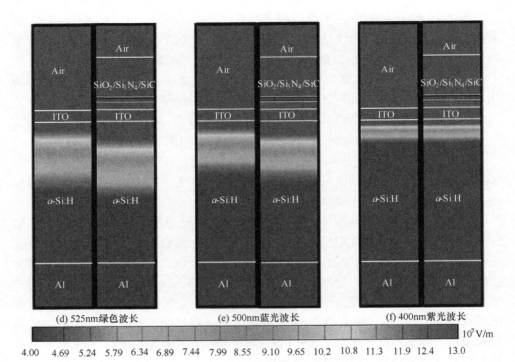

(d) 525nm绿色波长　　　　　　(e) 500nm蓝光波长　　　　　　(f) 400nm紫光波长

10^7V/m

4.00　4.69　5.24　5.79　6.34　6.89　7.44　7.99　8.55　9.10　9.65　10.2　10.8　11.3　11.9　12.4　13.0

图 7.20　参考电池和三层 $SiO_2/Si_3N_4/SiC$ 结构电池的电场强度分布比较

7.4　介质纳米粒子与多层抗反射层的光捕获性能比较

最近,一种介质纳米粒子的光捕获结构被提出,理论研究结果表明介质的 SiC 和 TiO_2 纳米粒子的光捕获性能要明显优于等离子体的 Ag 纳米粒子。多层的梯度抗反射层结构也具有较好的光捕获性能,因此有必要将介质的纳米粒子结构和多层的梯度抗反射层结构进行性能比较,以确定一种最优的光捕获结构,从而最大限度地提高薄膜太阳能电池的性能。

7.4.1　介质纳米粒子的等效模型

为了深入研究介质纳米粒子结构的光捕获性能,将最优的 SiC 介质纳米粒子与一个五层的 $SiO_2/Si_3N_4/SiC/Si_3N_4/SiO_2$ 抗反射层结构进行比较,如图 7.21 所示。在图 7.21 中,$SiO_2/Si_3N_4/SiC/Si_3N_4/SiO_2$ 抗反射层结构包括五个结构参数,

即 d_1、d_2、d_3、d_4 和 d_5,分别代表 SiO_2 层、Si_3N_4 层、SiC 层、Si_3N_4 层和 SiO_2 层的厚度。其中 d_1 与 d_5 相等,d_2 与 d_4 相等。五层的总厚度等于 SiC 介质纳米粒子的直径 $2r$。$SiO_2/Si_3N_4/SiC/Si_3N_4/SiO_2$ 抗反射层的结构参数定义为 $d_1=12nm$,$d_2=10nm$,$d_3=6nm$,$d_4=10nm$ 和 $d_5=12nm$。

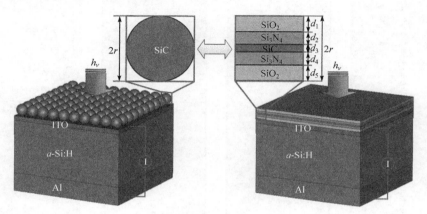

图 7.21 SiC 介质纳米粒子与五层的 $SiO_2/Si_3N_4/SiC/Si_3N_4/SiO_2$ 抗反射层比较

图 7.22 对 SiC 纳米粒子结构和 $SiO_2/Si_3N_4/SiC/Si_3N_4/SiO_2$ 抗反射层结构的光谱吸收率进行了比较。比较结果表明,最优的 SiC 纳米粒子结构竟然和五层的 $SiO_2/Si_3N_4/SiC/Si_3N_4/SiO_2$ 抗反射层结构在整个可见光和近红外波长范围具有几乎相同的光谱吸收率,均能够获得 29% 的光捕获增强。

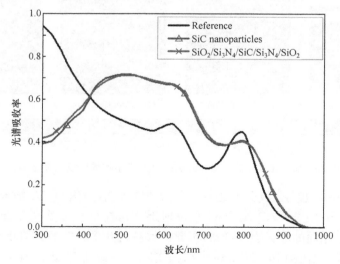

图 7.22 SiC 纳米粒子结构和 $SiO_2/Si_3N_4/SiC/Si_3N_4/SiO_2$ 抗反射层结构的光谱吸收率比较

为了进一步验证 SiC 纳米粒子结构和 $SiO_2/Si_3N_4/SiC/Si_3N_4/SiO_2$ 抗反射层结构的等效性,对 SiC 纳米粒子结构和五层抗反射层结构的电场强度分布进行比较,比较结果如图 7.23 所示。

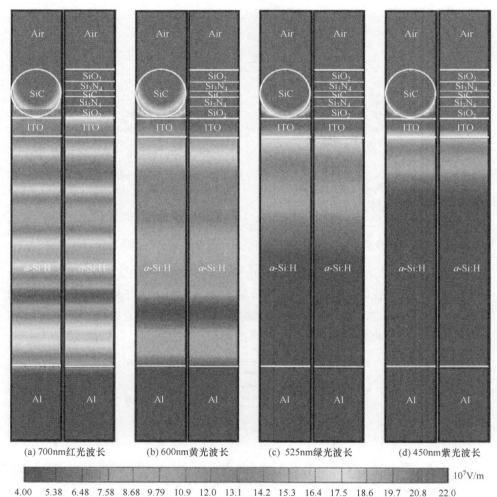

（a）700nm红光波长　　　（b）600nm黄光波长　　　（c）525nm绿光波长　　　（d）450nm紫光波长

10^7V/m

4.00　5.38　6.48　7.58　8.68　9.79　10.9　12.0　13.1　14.2　15.3　16.4　17.5　18.6　19.7　20.8　22.0

图 7.23　SiC 纳米粒子结构和五层抗反射层结构的电场强度分布比较

图 7.23 中的电场强度分布比较结果清楚地表明,最优的 SiC 纳米粒子结构和五层的 $SiO_2/Si_3N_4/SiC/Si_3N_4/SiO_2$ 抗反射层结构在整个可见光和近红外波长范围内具有几乎相同的电场强度分布,因此能够获得几乎相等的光捕获增强。

综上所述,最优的 SiC 纳米粒子结构实际上等效于五层的 $SiO_2/Si_3N_4/SiC/Si_3N_4/SiO_2$ 抗反射层结构。该多层抗反射层结构的每一层介电常数服从一个非线性模式,即首先从最低值 ε_{SiO_2} 增加到最高值 ε_{SiC},然后又从最高值 ε_{SiC} 下降到最低值 ε_{SiO_2}。因此,最优的介质纳米粒子结构实际上等价于一种"低-高-低"折射率模式的多层梯度抗反射层。

7.4.2 与多层抗反射层比较

很明显,"低-高-低"折射率模式的多层梯度抗反射层不是最优的结构。最优的梯度抗反射层结构应该具有一个"低-高"的介电常数分布模式,即每一层的介电常数应该从最低值 ε_{air} 逐渐增加到最高值 $\varepsilon_{\alpha-Si}$。

为了验证上述的观点,并减少实际的制备成本,本节提出一种简单的双层 SiO_2/SiC 结构和三层 $SiO_2/Si_3N_4/SiC$ 结构。为了最大限度地提高该多层结构的光捕获能力,采用差分演化算法来对该多层结构的参数进行最优化设计。双层 SiO_2/SiC 结构和三层 $SiO_2/Si_3N_4/SiC$ 结构的最优解如表 7.9 所示。

表 7.9 双层 SiO_2/SiC 结构和三层 $SiO_2/Si_3N_4/SiC$ 结构的最优解

Structure	Enhancement 0	Optimal parameters /nm
SiO_2/SiC	34.15%	$d_{SiO_2}=68.57, d_{SiC}=16.07$
$SiO_2/Si_3N_4/SiC$	34.23%	$d_{SiO_2}=68.90, d_{Si_3N_4}=7.21, d_{SiC}=13.45$

从表 7.9 的优化结果可以看出,双层 SiO_2/SiC 结构和三层 $SiO_2/Si_3N_4/SiC$ 结构能够获得 $G=34.15\%$ 和 $G=34.23\%$ 的光捕获增强。该结果远远超过 SiC 和 TiO_2 纳米粒子的 $G=28.68\%$ 和 $G=24.18\%$ 的光捕获增强。

此外,最优的双层 SiO_2/SiC 结构已经获得 34.15% 的光捕获增强,这一增强已经超过了纳米粒子结构的 32% 的理论极限值,包括等离子体的 Ag 纳米粒子、介质的 SiC 和 TiO_2 纳米粒子。

为了进一步研究光捕获的宽带增强性能,对 SiC、TiO_2 纳米粒子结构和双层 SiO_2/SiC 结构的光谱吸收率进行比较,如图 7.24 所示。

图 7.24 清楚地表明,三种结构的光捕获性能各不相同。最优的 SiC、TiO_2 纳米粒子结构分别能够增加 415nm 和 440nm 以上波长的光吸收,分别覆盖少量的紫光和极少的紫光光谱。然而,双层 SiO_2/SiC 结构能够增加 375nm 以上波长的光吸收,覆盖了整个紫光光谱。因此,最优的双层 SiO_2/SiC 结构几乎能够在整个可见光和近红外波长范围增加非晶硅薄膜太阳能电池的光吸收。

为了验证双层 SiO_2/SiC 结构的光吸收增强能力,对参考电池和双层 SiO_2/SiC 结构电池的电场强度分布进行比较,比较结果如图 7.25 所示。

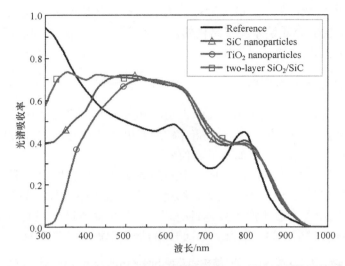

图 7.24　SiC、TiO₂ 纳米粒子结构和双层 SiO₂/SiC 结构的光谱吸收率比较

　　图 7.25 的电场强度分布比较结果清楚地表明，双层 SiO₂/SiC 结构能够显著地增加非晶硅层的电场强度，因此能够在整个可见光和近红外波段增加非晶硅薄膜太阳能电池的光吸收。

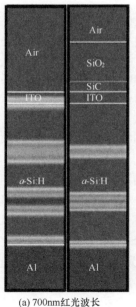

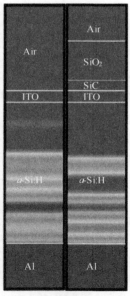

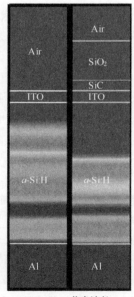

(a) 700nm红光波长　　　　　(b) 625nm橙光波长　　　　　(c) 600nm黄光波长

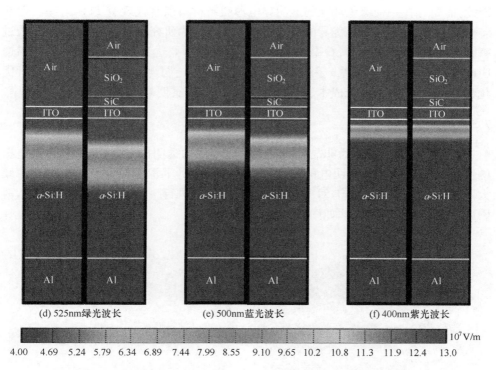

图 7.25　参考电池和双层 SiO_2/SiC 结构电池的电场强度分布比较

最近的研究成果表明,介质的纳米粒子结构具有优越的光捕获性能(如介质的 SiC 纳米粒子和 TiO_2 纳米粒子等),其光捕获增强要明显优于等离子体的银纳米粒子结构。本节对介质纳米粒子结构的光捕获增强性能进行了深入的研究,研究结果表明,最优的介质纳米粒子结构实际上等价于一种"低-高-低"折射率模式的多层梯度抗反射层。最后,采用双层的 SiO_2/SiC 结构能够获得 34.15% 的光捕获增强,这一增强已经明显超过纳米粒子结构的 32% 的理论极限值。因此,本节通过数值模拟证明,最优的光捕获结构应该是多层梯度抗反射层结构,而不是介质的纳米粒子结构。

7.5　石墨烯透明导电薄膜光捕获结构设计与优化

透明导电薄膜是太阳能发电技术中的关键材料之一,作为太阳能电池的电极材料可大幅提高太阳光-电转换效率。目前,应用最广泛的透明导电薄膜材料主要是 ITO。作为 ITO 中主要组分的 In 的资源十分稀缺,其地质储量仅约 1.6 万吨,只有黄金地质储量的 1/6,而且 In 是一种有毒物质,会带来严重的环境污染问题。

因此,需要寻找一种绿色环保的透明导电薄膜新材料以替代现有 ITO 薄膜。近几年来,石墨烯材料因为其优异的导电性和导热性成为研究热点。无论从成本、透过率、散热性还是电流传输,石墨烯作为电流传导层都要优于 ITO。然而,石墨烯透明电极的光捕获性能较差。因此,有必要对石墨烯透明电极的光捕获结构进行优化和设计,以提供一种低成本、高性能的太阳能电池透明导电薄膜。

7.5.1　优化模型

本节用石墨烯来作为非晶硅薄膜太阳能电池的透明电极,将石墨烯透明电极的性能与传统的 ITO 透明电极的性能进行比较。为了深入研究石墨烯层对薄膜太阳能电池光吸收的影响,对薄膜太阳能电池结构进行一个全波光学模拟实验,薄膜太阳能电池的模型结构如图 7.26 所示。

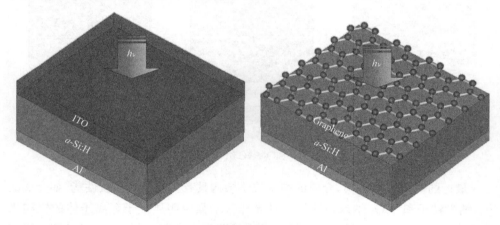

图 7.26　薄膜太阳能电池的模型结构

在图 7.26 中,ITO 透明电极、非晶硅层和铝电极的厚度分别为 20nm、240nm 和 80nm。为了评估石墨烯透明电极的光捕获性能,有必要先了解石墨烯的光学特性。最近的实验测量表明,石墨烯的不透明性是一个与波长无关的常量[13]。基于实际的测量,在可见光波段下,石墨烯的复折射率为 $n=3.0+iC_1\lambda/3$,其中 $C_1=5.446\mu m^{-1}$[14]。在模拟计算中,石墨烯层的厚度为 $d=N\times0.34nm$[15,16],其中 N 表示石墨烯的层数。

在光学模拟过程中,通过下述公式来计算出非晶硅层的光吸收功率,即

$$Q_{abs}(\omega)=\frac{\omega\varepsilon_0}{2}\int_V \mathrm{Im}[\varepsilon(\omega)]\cdot|E|^2\mathrm{d}V \tag{7.18}$$

其中,V 表示非晶硅层的体积;E 表示电场强度;ε_0 表示自由空间的介电常数。

此外,为了研究光吸收的宽带增强性能,先计算出非晶硅层的综合吸收功

率,即

$$P = \int_{\text{AM1.5G}} Q_{\text{abs}}(\omega)\,\mathrm{d}\omega \tag{7.19}$$

然后,可以通过下述公式计算出综合增强率 G,即

$$G = \frac{P - P(\text{Ref})}{P(\text{Ref})} \tag{7.20}$$

其中,$P(\text{Ref})$ 表示仅有 ITO 透明电极的参考电池。

石墨烯层数 N 不同时的光谱吸收率如图 7.27 所示。20nm ITO 透明电极的光谱吸收率如图中黑色粗线所示。图 7.27 中的结果清楚地表明,当石墨烯的层数 N 从 2 增加到 20 时,非晶硅层的光谱吸收率变得越来越低。这是因为石墨烯的层数每增加一层,将会多吸收 2.3% 的入射光谱。因此,为了最大化非晶硅层的光吸收,石墨烯的层数 N 应该足够少。根据该结论,下面的优化计算中石墨烯的层数 N 均设置为 2 层。

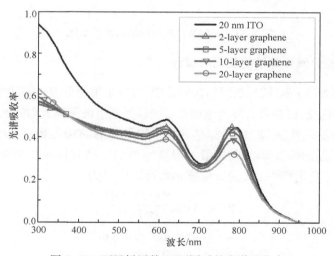

图 7.27　石墨烯层数 N 不同时的光谱吸收率

此外,从图 7.27 的比较结果可以看出,石墨烯透明电极薄膜太阳能电池的光吸收性能要比 ITO 透明电极薄膜太阳能电池的光吸收性能差得多。原因在于,在可见光波段下,石墨烯的折射率约为 $n = 3.0$,要明显高于 ITO 的折射率(550nm 波段下 ITO 的折射率仅为 $n = 1.9$)。因此,由于石墨烯层较高的折射率,大部分入射光谱会被直接反射回去,因此为了提高石墨烯透明电极薄膜太阳能电池的光捕获性能,有必要对石墨烯透明电极进行抗反射层结构设计。

为了减少实际的制备成本,本节提出一个相对简单的双层 SiO_2/SiC 抗反射层结构,该结构直接沉积在石墨烯透明电极的顶部,以便获得一个可见光波段下宽带的抗反射特性。

石墨烯抗反射层结构的模型如图 7.28 所示。石墨烯透明电极的层数固定为 $N=2$，因此石墨烯的厚度为 $2\times0.34\text{nm}$。石墨烯抗反射层结构包括两个结构参数，分别是 SiO_2 层的厚度 d_{SiO_2} 和 SiC 层的厚度 d_{SiC}。

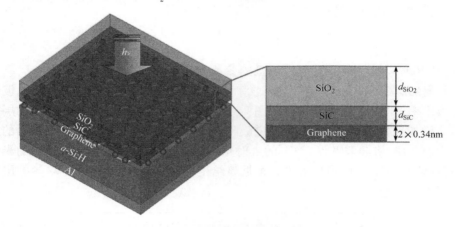

图 7.28　石墨烯抗反射层结构的模型图

7.5.2　基于差分演化算法的优化与设计

为了提高 SiO_2/SiC 抗反射层结构的性能，可以采用差分演化算法来对每一层的厚度进行全局优化，以便最大限度地增加石墨烯透明电极薄膜太阳能电池的光吸收。

这里差分演化算法 DE 的目标是寻找一组最优的结构参数，包括 SiO_2 层的厚度 d_{SiO_2} 和 SiC 层的厚度 d_{SiC}，以便最大限度地增加非晶硅薄膜太阳能电池的光吸收。因此，差分演化算法 DE 的适应度函数可以定义为

$$\max \quad G=\frac{P-P(\text{Ref})}{P(\text{Ref})} \tag{7.21}$$

$$\text{s. t. } 0\text{nm}<d_{\text{SiO}_2}\leqslant100\text{nm} \tag{7.22}$$

$$0\text{nm}<d_{\text{SiC}}\leqslant100\text{nm} \tag{7.23}$$

差分演化算法的参数设置如表 7.10 所示。

表 7.10　差分演化算法的参数设置

参数	值
Population Size	30
Scale Factor	0.5
Crossover Rate	0.2
Crossover Strategy	DE/rand-to-best/1/exp
Maximum Generations	100

SiO$_2$/SiC/Graphene 结构的最优解如表 7.11 所示。从表 7.11 的优化结果可以看出,最优的 SiO$_2$/SiC/Graphene 结构能够获得 37.30％的光捕获增强,最优的结构参数为 d_{SiO_2}=84.46nm 和 d_{SiC}=38.02nm。

表 7.11　SiO$_2$/SiC/Graphene 结构的最优解

Structure	d_{SiO_2}/nm	d_{SiC}/nm	G
SiO$_2$/SiC/Graphene	84.46	38.02	37.30％

为了研究光捕获的宽带增强性能,将最优 SiO$_2$/SiC/Graphene 结构的光谱吸收率与 20nm ITO 结构的光谱吸收率进行比较,如图 7.29 所示。

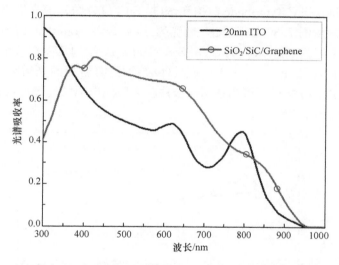

图 7.29　SiO$_2$/SiC/Graphene 结构和 20nm ITO 结构的光谱吸收率比较

图 7.29 清楚地表明,SiO$_2$/SiC/Graphene 结构能够显著地增强薄膜太阳能电池的光吸收。最优的 SiO$_2$/SiC/Graphene 结构能够增加 368nm 以上波长的光吸收,覆盖了整个紫光光谱,因此最优的 SiO$_2$/SiC/Graphene 结构与传统的 ITO 结构相比,几乎能够在整个可见光和近红外波长范围内增加非晶硅薄膜太阳能电池的光吸收。

此外,为了进一步研究 SiO$_2$/SiC/Graphene 结构的光捕获性能,将其与最优的 SiO$_2$/SiC/ITO 结构进行比较。在 SiO$_2$/SiC/ITO 结构中,双层的 SiO$_2$/SiC 抗反射层沉积在传统 ITO 透明电极的顶部,以便最大限度地增加非晶硅薄膜太阳能电池的光吸收。为了提高 SiO$_2$/SiC/ITO 结构的光捕获性能,仍采用差分演化算法对 SiO$_2$/SiC 抗反射层的每一层厚度进行全局优化。SiO$_2$ 层和 SiC 层的优化范围分别为 0nm<d_{SiO_2}≤100nm 和 0nm<d_{SiC}≤100nm。

SiO$_2$/SiC/ITO 结构的最优解如表 7.12 所示。从表 7.12 的优化结果可以看出,最优的 $SiO_2/SiC/ITO$ 结构能够获得 34.15% 的光捕获增强,最优的结构参数为 $d_{SiO_2}=68.57nm$ 和 $d_{SiC}=16.07nm$。

表 7.12　$SiO_2/SiC/ITO$ 结构的最优解

Structure	d_{SiO_2}/nm	d_{SiC}/nm	G
$SiO_2/SiC/ITO$	68.57	16.07	34.15%

　　表 7.11 和表 7.12 的优化结果表明,最优的 $SiO_2/SiC/Graphene$ 结构能够获得 37.30% 的光捕获增强,这一增强明显地超过了 $SiO_2/SiC/ITO$ 结构 34.15% 的光捕获增强。

　　最优的 $SiO_2/SiC/Graphene$ 结构和 $SiO_2/SiC/ITO$ 结构的光谱吸收率比较如图 7.30 所示。从图 7.30 可以看出,最优的 $SiO_2/SiC/Graphene$ 结构要优于最优的 $SiO_2/SiC/ITO$ 结构。最优的 $SiO_2/SiC/Graphene$ 结构几乎在整个可见光和近红外波段范围内都比最优的 $SiO_2/SiC/ITO$ 结构具有更高的光谱吸收率。因此,在光捕获结构的作用下,石墨烯透明电极薄膜太阳能电池的性能能够超过 ITO 透明电极薄膜太阳能电池的性能。

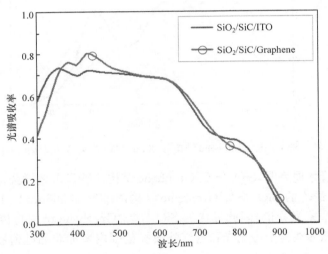

图 7.30　$SiO_2/SiC/Graphene$ 结构和 $SiO_2/SiC/ITO$ 结构的光谱吸收率比较

　　为了验证 $SiO_2/SiC/Graphene$ 结构的光吸收性能,对参考电池和 $SiO_2/SiC/Graphene$ 结构电池的电场强度分布进行了比较,比较结果如图 7.31 所示。

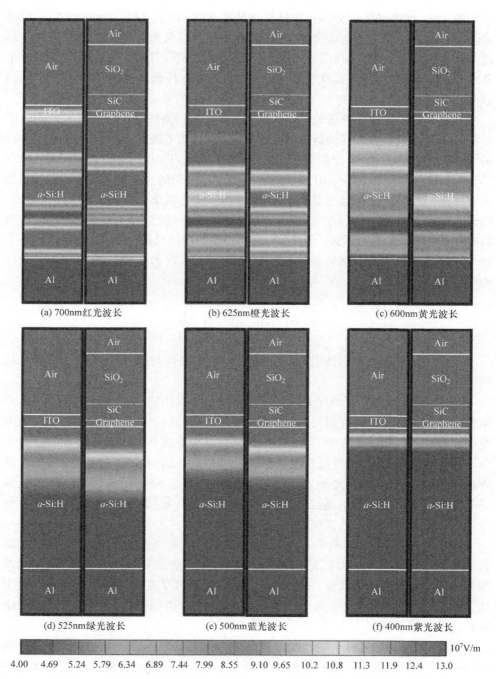

图 7.31　参考电池和 $SiO_2/SiC/Graphene$ 结构电池的电场强度分布比较

图 7.31 的电场强度分布比较结果清楚地表明,$SiO_2/SiC/Graphene$ 结构能够显著地增加非晶硅层的电场强度,因此能够在整个可见光和近红外波段增加非晶硅薄膜太阳能电池的光吸收。在光捕获结构的作用下,石墨烯薄膜实际上是一个非常有前景的新材料,可以代替传统的 ITO,作为一种低成本的薄膜太阳能电池透明导电薄膜。

本节对石墨烯透明电极的光捕获性能进行了深入的分析,研究结果表明由于石墨烯透明电极具有较高的折射率,因此石墨烯透明电极的光捕获性能不如传统的 ITO 结构。为了增强薄膜太阳能电池的光吸收,提出一种新颖的 $SiO_2/SiC/Graphene$ 抗反射层结构,采用差分演化算法对每一层的厚度进行全局优化,以最大限度地提高薄膜太阳能电池的光捕获性能。优化结果表明,最优的 $SiO_2/SiC/Graphene$ 结构能够获得 37.30％ 的光捕获增强,这一增强要明显优于 $SiO_2/SiC/ITO$ 结构的 34.15％ 的增强。因此,通过采用多层的抗反射层结构,石墨烯实际上是一个非常有前景的新材料,可以代替传统的 ITO,作为一种低成本的薄膜太阳能电池透明导电薄膜。

7.6　本　章　小　结

本章主要对薄膜太阳能电池抗反射层微结构设计与优化进行了较为深入地研究。

首先,提出一种基于 SiN_x/SiO_xN_y 结构的薄膜太阳能电池抗反射层结构。采用差分演化算法来对抗反射层的结构参数进行优化,以最大限度地增加太阳能电池的光吸收。优化结果表明,非线性的折射率分布模式要明显优于线性的折射率分布模式,离散的多层梯度抗反射层性能能够超过连续的多层梯度抗反射层。此外,电场强度分布结果清楚地表明,本章提出的 SiN_x/SiO_xN_y 抗反射层结构能够显著地增加非晶硅层的电场强度,因此能够明显提高非晶硅薄膜太阳能电池在整个可见光和近红外波段的光捕获能力。

然后,提出一种相对简单的双层 SiO_2/SiC 和三层 $SiO_2/Si_3N_4/SiC$ 梯度抗反射层结构。采用差分演化算法对该结构的每一层厚度进行优化,以最大限度地增加薄膜太阳能电池的光吸收。优化结果表明,非均匀厚度的多层结构要明显优于均匀厚度的多层结构,双层的 SiO_2/SiC 结构能够获得与三层 $SiO_2/Si_3N_4/SiC$ 结构相近的光捕获增强。

接着,对介质纳米粒子结构的光捕获增强性能进行了深入的研究,研究结果表明,最优的介质纳米粒子结构实际上等价于一种"低-高-低"折射率模式的多层梯度抗反射层。采用双层的 SiO_2/SiC 结构能够获得 34.15％ 的光捕获增强,这一增强已经明显超过了纳米粒子结构的 32％ 的理论极限值。因此,通过数值模拟证明,最优的光捕获结构应该是多层梯度抗反射层结构,而不是介质的纳米粒子结构。

最后,对石墨烯透明电极的光捕获性能进行了深入的分析,研究结果表明由于石墨烯透明电极具有较高的折射率,因此石墨烯透明电极的光捕获性能不如传统的 ITO 结构。为了增强薄膜太阳能电池的光吸收,本章提出一种新颖的 SiO_2/SiC/Graphene 抗反射层结构。优化结果表明,最优的 SiO_2/SiC/Graphene 结构能够获得 37.30% 的光捕获增强,这一增强明显优于 SiO_2/SiC/ITO 结构的 34.15% 的增强。因此,通过采用多层的抗反射层结构,石墨烯实际上是一个非常有前景的新材料,可以代替传统的 ITO,作为一种低成本的薄膜太阳能电池透明导电薄膜。

参 考 文 献

[1] 李卫林. 可再生能源的开发与应用前景分析[J]. 能源与环境,2009,(1):30-32.

[2] Price H,Lupfert E,Kearney D,et al. Advances in parabolic trough solar power technology [J]. Journal of solar energy engineering,2002,124(2):109-125.

[3] 梁宗存,沈辉,李戬洪. 太阳能电池研究进展[J]. 能源工程,2000,(4):8-11.

[4] Yang X,Loos J,Veenstra S C,et al. Nanoscale morphology of high-performance polymer solar cells[J]. Nano Letters,2005,5(4):579-583.

[5] Benyus J M. Biomimicry:innovation inspired by nature[M]. New York:Willianm Morrow and Company,1998.

[6] 张红梅,尹云华. 太阳能电池的研究现状与发展趋势[J]. 水电能源科学,2008,26(6):193-197.

[7] Vincent J F V. Makingbiological materials[J]. Journal of Bionics Engineering,2005,2(4):209-237.

[8] Yee K S. Numerical solution of initial boundary value problems involving Maxwell's equations in isotropic media[J]. IEEE Trans. Antennas Propag,1966,14(3):302-307.

[9] Luebbers R,Hunsberger F P,Kunz K S,et al. A frequency-dependent finite-difference time-domain formulation for dispersive materials[J]. Electromagnetic Compatibility,IEEE Transactions on,1990,32(3):222-227.

[10] Homepage[P/OL]. http://www. sopra-sa. com[2016-1-10].

[11] Akimov Y A,Koh W S,Sian S Y,et al. Nanoparticle-enhanced thin film solar cells:metallic or dielectric nanoparticles[J]. Applied Physics Letters,2010,96(7):73111.

[12] Zhao Y,Chen F,Shen Q,et al. Optimal design of light trapping in thin-film solar cells enhanced with graded SiN_x and SiO_xN_y structure[J]. Optics Express,2012,20(10):11121-11136.

[13] Nair R R,Blake P,Grigorenko A N,et al. Fine structure constant defines visual transparency of graphene[J]. Science,2008,320(5881):1308.

［14］ Bruna M, Borini S. Optical constants of graphene layers in the visible range［J］. Applied Physics Letters, 2009, 94(3): 031901.

［15］ Wu L, Chu H S, Koh W S, et al. Highly sensitive graphene biosensors based on surface plasmon resonance［J］. Optics Express, 2010, 18(14): 14395-14400.

［16］ Choi S H, Kim Y L, Byun K M. Graphene-on-silver substrates for sensitive surface plasmon resonance imaging biosensors［J］. Optics Express, 2011, 19(2): 458-466.

第8章　彩色图像颜色量化问题的优化与算法参数设置

本章主要对基于差分演化的彩色图像颜色量化问题的优化方法进行研究。首先对彩色图像颜色量化问题的优化方法发展现状进行分析;然后通过比较实验提出基于 DE/best/1 的彩色图像颜色量化优化策略;最后对提出的彩色图像颜色量化优化策略进行变异差向量阈值限定和与 K 均值聚类混合改进,提出基于 K 均值聚类和 DE/best/1 的彩色图像颜色量化混合优化策略,并通过实验验证改进优化策略的有效性。

8.1　彩色图像颜色量化问题的优化方法发展现状

彩色图像颜色量化是图像处理常用的处理方法之一。颜色量化就是在尽量减少彩色图像颜色失真度的情况下,将彩色图像映射为只有少数几种颜色的量化图像上的过程[1]。其目的在于通过颜色数目的减少来减少彩色图像数据的存储空间和图像的传输时间[2]。颜色量化过程主要分为两个阶段:设计一个包含颜色数目比原彩色图像少的调色板(通常为 8~256 色);建立原彩色图像与调色板之间的颜色映射,生成量化图像。目前的量化方法主要侧重于研究最优调色板的设计方法。

颜色量化是一个 NP 难问题[3]。为了解决这一问题,研究者提出一些近似的方法。最常用的是像 K 均值算法这样的标准局部搜索策略。K 均值算法已经被成功地应用于彩色图像颜色量化问题[4,5]。K 均值算法先从图像颜色空间中随机选择 K 个颜色生成一个初始调色板,然后根据颜色距离最近原则将图像中的每个像素映射到调色板,形成 K 个聚类,再根据每类像素颜色均值更新调色板中颜色,反复重复上述分类和更新过程,直到调色板中颜色不再发生变化,则终止算法。K 均值是一种收敛速度较快的搜索算法,但它只能收敛到局部最优解,且对初始条件依赖性较强[6]。为了解决这一问题,研究者提出一些基于随机优化方法(如遗传算法 GA 和粒子群算法 PSO)的量化方法。文献[2],[7]~[10]通过数值实验对基于 PSO 算法的彩色图像颜色量化方法 PSO-CIQ 和一些常用的彩色图像量化方法进行了比较,实验结果表明 PSO-CIQ 量化效果比较好,且其量化效果比基于 GA 算法的彩色图像颜色量化方法好。遗传算法(GA)和粒子群算法(PSO)是基于群体智能的随机优化策略,也是用来求解颜色量化问题的近似方法之一。相关文献表明,基于 PSO 算法的颜色量化方法在量化效果和收敛速度方面均优于基于 GA

算法的颜色量化方法[8]。在基于 PSO 算法的颜色量化方法中,每个粒子代表一个候选调色板,一个种群代表若干候选调色板。群体中粒子的维数为调色板的颜色数。设调色板的颜色数为 K,则每个粒子代表一个包含 K 个颜色的调色板。彩色图像中每个像素根据距离最近原则与调色板中颜色建立映射,然后通过映射关系就可得到量化图像。算法就是根据一定的更新规则对调色板中的颜色进行反复调整,以获得较好的量化图像。基于 PSO 算法的颜色量化方法对初始条件的依赖性较小,但存在早熟和易于陷入局部最优等问题。

文献[7],[9],[10]提出将 PSO 算法与 K 均值算法相结合的混合颜色量化方法。文献[7]提出一种基于粒子群的彩色图像颜色量化算法(a color image quantization algorithm based on particle swarm optimization,PSO-CIQ)。为了简化搜索空间,PSO-CIQ 算法先以指定概率对每个粒子包含的 K 个类中心运用 K 均值聚类进行调整,然后以类内均方误差为适应函数,应用 PSO 算法调整由 K 均值确定的中心。为了加强算法的全局搜索能力,避免算法陷于局部最优,PSO-CIQ 算法采用 lbest-PSO 算法和 gbest-POS 算法的混合算法,即 lbest-to-gbest-POS 算法。实验分别应用 PSO-CIQ 算法、SOM 算法和 GCMA 算法将 Lena、Peppers、Jet 和 Mandrill 这四个常用彩色图像量化为 16、32 和 64 色彩色图像。三种算法的类内均方误差 MSE 结果表明,除了 Mandrill 图像和量化成 64 色的 Jet 图像之外,PSO-CIQ 算法效果均比 GCMA 算法效果好;对于 Lena 图像和 Peppers 图像,PSO-CIQ 算法效果比 SOM 算法效果好,对于 Mandrill 图像,PSO-CIQ 算法与 SOM 算法效果差不多,对于 Jet 图像,SOM 算法比 PSO-CIQ 算法好。文献[9]以类内误差和函数作为粒子群优化算法中的适应函数和 K 均值聚类算法的聚类准则函数,结合粒子群优化算法和 K 均值聚类算法,提出一种基于粒子群优化的 K 均值彩色图像量化算法。在基于粒子群优化的 K 均值彩色图像量化算法中,粒子代表调色板,粒子的维数为调色板的颜色数,一个种群代表若干候选调色板。在算法中,首先每个粒子被随机初始化,然后用 PSO 算法对粒子进行更新,更新后的粒子再用 K 均值算法进行调整,按照上述过程进行迭代,直到满足终止条件为止。最后得到的最优粒子即为调色板。实验分别运用 K 均值算法、FCM 算法和基于粒子群优化的 K 均值彩色图像量化算法将 Lena 图像和 Peppers 图像量化为 16 色彩色图像。实验结果表明,从视觉效果来看,FCM 算法和基于粒子群优化的 K 均值彩色图像量化算法比 K 均值算法好;量化前后图像的均方根误差 RMSE 和峰值信噪比 PSNR 的结果表明,基于粒子群优化的 K 均值彩色图像量化算法优于 K 均值算法和 FCM 算法。文献[10]提出基于粒子群算法的颜色量化方法(the PSO-based color quantization algorithm,PSO-CQA)。在 PSO-CQA 算法中,首先每个粒子被随机初始化,然后为减小搜索空间,对每个粒子用 K 均值算法进行调整,最后以类内均方误差为适应函数运用 PSO 算法进行优化迭代得到的全局最优粒子即为最终调色板。实验分别运用 PSO-CQA 算法和 K 均值算法将 Lily 图像量化成 16 色、32 色和 64 色彩色图像。量化图像效果和 MSE 结果表明，PSO-CQA 算法得到的量化图像视觉效果比 K 均值算法得到的量化图像好；K 均值算法对初始条件依赖性较强，而 PSO-CQA 算法则不受初始条件影响，稳定性较强；PSO-CQA 算法的类内均方误差比 K 均值算法小。上述文献结果均表明，将 K 均值算法融合到 PSO 算法中得到的混合颜色量化算法不受初始条件限制，并可以增强 PSO 算法的全局搜索能力，从而获得量化效果更好的量化图像。

8.2　彩色图像颜色量化的基本优化策略

差分演化算法是一种基于种群的启发式搜索方法。本章主要利用 DE 优化策略来解决彩色图像颜色量化问题。本节首先通过实验比较 GA、PSO、DE 和 K 均值聚类策略在彩色图像颜色量化问题中的优化效果，确定彩色图像颜色量化的基本优化策略，然后讨论面向彩色图像颜色量化问题的优化策略中的参数设置。

8.2.1　基于基本差分演化算法的彩色图像颜色量化优化策略

PSO 和 GA 策略是目前文献中已用于图像颜色量化的随机优化方法，而 K 均值聚类策略是一种常用的图像颜色量化方法。为了与已有的 GA、PSO 和 K 均值聚类颜色量化策略进行比较，本节提出基于 DE 的彩色图像颜色量化算法 DE-CIQ（a DE-based color image quantization algorithm），并通过对测试图像的量化实验比较 DE、PSO、GA 和 K 均值聚类策略在彩色图像颜色量化中的效果，来选择本章彩色图像颜色量化的基本优化策略。

1. DE-CIQ 算法

DE-CIQ 算法的每个个体表示一个包含 K 种代表色的调色板，种群即为一组候选调色板。DE-CIQ 算法首先在 RGB 颜色空间随机产生一组候选调色板，然后通过变异、交叉和选择操作对每一个候选调色板进行迭代更新，最终得到最优调色板，并由此生成量化图像。DE-CIQ 算法的具体步骤及伪码如下所述。

符号定义如下。

① $M \times N$：彩色图像 I 的像素点个数。

② K：调色板中颜色数目。

③ $p_r = (p_{r1}, p_{r2}, p_{r3})$：彩色图像 I 的第 r 个像素，$r=1,2,\cdots,M \times N$。

④ c_k：调色板中第 k 个颜色向量，$k=1,2,\cdots,K$。

记彩色图像 $I(i,j) = \{I_R(i,j), I_G(i,j), I_B(i,j) \mid 1 \leqslant i \leqslant M, 1 \leqslant j \leqslant N\}$，将其量

化成包含 K 种颜色的彩色图像 $I'(i,j)=\{I'_R(i,j),I'_G(i,j),I'_B(i,j)\,|\,1\leqslant i\leqslant M,1\leqslant j\leqslant N\}$。在 DE-CIQ 算法中,种群 $X=\{x^1,x^2,\cdots,x^{NP}\}$ 表示 NP 个候选调色板。种群中每个个体代表一个包含 RGB 空间中 K 种颜色的候选调色板,因此每个个体的维数均为 $D=3\times K$,记种群中第 j 个个体为

$$x^j=(c_1^j,c_2^j,\cdots,c_K^j)=(x_1^j,x_2^j,x_3^j,x_4^j,x_5^j,x_6^j,\cdots,x_{3K-2}^j,x_{3K-1}^j,x_{3K}^j),\quad j=1,2,\cdots,NP$$

其中,$c_k^j=(x_{1+3(k-1)}^j,x_{2+3(k-1)}^j,x_{3+3(k-1)}^j),k=1,2,\cdots,K$。

在 DE-CIQ 算法中,调色板方案优劣采用类内均方误差[2]进行评价,即适应函数为

$$\begin{aligned}g(x^j) &= \mathrm{MSE}(x^j)\\ &=\frac{1}{M\times N}\{\sum_{r=1}^{M\times N}[\min_{k=1}^{K}d(p_r,c_k^j)]\}\\ &=\frac{1}{M\times N}\{\sum_{r=1}^{M\times N}[\min_{k=1}^{K}\sqrt{\sum_{q=1}^{3}(p_{rq}-x_{q+3(k-1)}^j)^2}]\},\quad j=1,2,\cdots,NP\end{aligned}\tag{8.1}$$

其中,$d(\cdot,\cdot)$ 为颜色欧氏距离。

DE-CIQ 算法的迭代终止条件是迭代次数达到给定的最大迭代次数 $t_{\max}$。

DE-CIQ 算法基本步骤如下。

Step1,输入彩色图像 I,确定调色板颜色数目 K,种群规模 NP,变异因子 F 和交叉概率 CR,初始迭代次数 $t=0$,最大迭代次数 $t_{\max}$。

Step2,种群初始化。在 RGB 颜色空间中,随机选择 K 个颜色初始化种群 $X(t)=\{x^{1,t},x^{2,t},\cdots,x^{NP,t}\}$ 中每个个体,即

$$x^{j,t}=(x_1^{j,t},x_2^{j,t},x_3^{j,t},\cdots,x_{3K-2}^{j,t},x_{3K-1}^{j,t},x_{3K}^{j,t})$$

构成一组初始候选调色板 $(c_1^{j,t},c_2^{j,t},\cdots,c_K^{j,t})$。

Step3,对种群 $X(t)$ 中每个个体进行如下操作。

第一,对每个父代个体 $x^{j,t}$,从种群 $X(t)$ 中随机选取三个不同的个体 $x^{r_1,t}$,$x^{r_2,t}$,$x^{r_3,t}$,根据给定的变异因子 F 进行变异得到子代个体,即

$$u^{j,t}=(u_1^{j,t},u_2^{j,t},u_3^{j,t},\cdots,u_{3K-2}^{j,t},u_{3K-1}^{j,t},u_{3K}^{j,t})=x^{r_1,t}+F\cdot(x^{r_2,t}-x^{r_3,t})\quad(DE/rand/1)\tag{8.2}$$

或

$$u^{j,t}=(u_1^{j,t},u_2^{j,t},u_3^{j,t},\cdots,u_{3K-2}^{j,t},u_{3K-1}^{j,t},u_{3K}^{j,t})=x^{best,t}+F\cdot(x^{r_1,t}-x^{r_2,t})\quad(DE/best/1)\tag{8.3}$$

第二,每个父代个体 $x^{j,t}$ 与其对应的子代个体 $u^{j,t}$ 进行交叉,产生中间实验个体 $v^{j,t}=(v_1^{j,t},v_2^{j,t},v_3^{j,t},\cdots,v_{3K-2}^{j,t},v_{3K-1}^{j,t},v_{3K}^{j,t})$,其中

$$v_i^{j,t}=\begin{cases}u_i^{j,t},&\mathrm{rand}_i\leqslant CR\ 或\ i=\mathrm{rnbr}_j\\x_i^{j,t},&其他\end{cases},\quad i=1,2,\cdots,3K$$

其中,rnbr_j 是一个在 $\{1,2,\cdots,\mathrm{NP}\}$ 中随机选择的整数。

第三,计算父代个体 $x^{j,t}$ 和实验个体 $v^{j,t}$ 的适应值 $g(x^{j,t})$ 和 $g(v^{j,t})$,通过适应值竞争,在 $x^{j,t}$ 和 $v^{j,t}$ 之间择优选取,产生下一代种群个体,即

$$x^{j,t+1}=\begin{cases}x^{j,t}, & g(x^{j,t})\leqslant g(v^{j,t})\\ v^{j,t}, & \text{其他}\end{cases},\quad j=1,2,\cdots N$$

得到下一代种群 $X(t+1)=\{x^{1,t+1},x^{2,t+1},\cdots,x^{\mathrm{NP},t+1}\}$。

Step4,若 $t<t_{\max}$,则令 $t=t+1$,返回步骤 3;否则,进行下述步骤。

Step5,$X(t+1)=\{x^{1,t+1},x^{2,t+1},\cdots,x^{\mathrm{NP},t+1}\}$ 为一组最终候选调色板,比较 $X(t+1)$ 中个体的适应值,记 $f(x^{\mathrm{best}})=\min\limits_{j=1,2,\cdots,\mathrm{NP}}\{f(x^{j,t})\}$,则适应值最小的个体为最优调色板,即

$$x^{\mathrm{best}}=(x_1^{\mathrm{best}},x_2^{\mathrm{best}},\cdots,x_{3K}^{\mathrm{best}})\overset{\Delta}{=}(c_1^{\mathrm{best}},c_2^{\mathrm{best}},\cdots,c_K^{\mathrm{best}})$$

$$c_k^{\mathrm{best}}=(x_{1+3(k-1)}^{\mathrm{best}},x_{2+3(k-1)}^{\mathrm{best}},x_{3+3(k-1)}^{\mathrm{best}}),\quad k=1,2,\cdots,K$$

Step6,根据颜色距离最近原则,建立彩色图像 I 与最优调色板($c_1^{\mathrm{best}},c_2^{\mathrm{best}},\cdots,c_K^{\mathrm{best}}$)间的颜色映射,通过映射关系将彩色图像 I 中像素颜色用调色板对应颜色替换,即得到量化彩色图像 I'。

DE-CIQ 算法伪码如下。

输入彩色图像 I,设置参数 $K,\mathrm{NP},F,\mathrm{CR},t_{\max},D=3\times K$

$x_i^{j,0}=\mathrm{rand}(0,1)\cdot 255,i=1,2,\cdots,D$

$x^{j,0}=(x_1^{j,0},x_2^{j,0},\cdots,x_D^{j,0}),j=1,2,\cdots,\mathrm{NP}$ 　　　　　　　　//种群初始化

for $t=0$ to $t_{\max}$

　　for $j=1,2,\cdots,\mathrm{NP}$

$\mathrm{rnbr}_j=\mathrm{rand}(1,D)$

$u^{j,t}=x^{r_1,t}+F\cdot(x^{r_2,t}-x^{r_3,t})$ 或 $u^{j,t}=x^{\mathrm{best},t}+F\cdot(x^{r_1,t}-x^{r_2,t})$

for $i=1,2,\cdots,D$

if $u_i^{j,t}<0$ then $y_i^{j,t}=0$

else if $u_i^{j,t}>255$ then $y_i^{j,t}=255$

else $y_i^{j,t}=u_i^{j,t}$

end if

end if 　　　　　　　　　　　　　　　　//变异

$\mathrm{rand}_i=\mathrm{rand}(0,1)$

if $\mathrm{rand}_i\leqslant\mathrm{CR}$ or $i=\mathrm{rnbr}_j$ then $v_i^{j,t}=y_i^{j,t}$

else $v_i^{j,t}=x_i^{j,t}$ 　　　　　　　　　　　　　//交叉

$v^{j,t}=(v_1^{j,t},v_2^{j,t},\cdots,v_D^{j,t})$

计算 $g(x^{j,t})$ 和 $g(v^{j,t})$

if $g(x^{j,t}) > g(v^{j,t})$ then $x^{j,t+1} = v^{j,t}$

else $x^{j,t+1} = x^{j,t}$　　　　　　　　　　　　　　　　　//选择

求出最优解 $x^{\text{best}} = (x_1^{\text{best}}, x_2^{\text{best}}, \cdots, x_D^{\text{best}})$

输出最优调色板 $C = \{c_1, c_2, \cdots, c_K\}, c_k = (x_{1+3(k-1)}^{\text{best}}, x_{2+3(k-1)}^{\text{best}}, x_{3+3(k-1)}^{\text{best}}), k = 1,$

$2, \cdots, K$

将 I 中像素点用 C 中与之颜色距离最近的中心点代替,得到量化图像 I'

---

2. 数值实验

图 8.1 中的 Peppers 图像、Baboon 图像、Lena 图像和 Airplane 图像是颜色量化文献中常用的测试图像,大小均为 512×512 像素。比较实验分为下述两部分。

(a) Peppers原图　(512*512)　　　　(b) Baboon原图　(512*512)

(c) Lena原图　(512*512)　　　　(d) Airplane原图　(512*512)

图 8.1　测试图像

(1) DE/rand/1 和 DE/best/1 的彩色图像颜色量化效果的比较

DE/rand/1 和 DE/best/1 是两种常用的 DE 变异策略,它们的执行效果不同。在 DE-CIQ 算法中,分别运用这两种策略进行变异,得到的相应颜色量化算法分别

记作 DE/rand/1-CIQ 和 DE/best/1-CIQ。图 8.1 中测试图像进行颜色量化,比较 DE/rand/1 和 DE/best/1 策略的颜色量化效果。运用 DE/rand/1-CIQ 算法和 DE/best/1-CIQ 算法将 Peppers 图像、Baboon 图像、Lena 图像和 Airplane 图像量 化为 16 色彩色图像。在实验中,DE/rand/1-CIQ 算法和 DE/best/1-CIQ 算法的 种群规模 NP=100,最大迭代次数 t_{max}=200,变异因子 F 和交叉概率 CR 在区间 [0.1,1.0]上以步长 0.1 取值;图像的量化效果由类内均方误差来评估。将各组参 数设置的 DE/rand/1-CIQ 算法和 DE/best/1-CIQ 算法均运行 10 次,记录 10 次实 验中的最小适应值(即最小 MSE)。表 8.1~表 8.4 给出的是 DE/rand/1-CIQ 算 法的实验结果,表 8.5~表 8.8 给出的是 DE/best/1-CIQ 算法的实验结果。 图 8.2 中的量化图像为 DE/rand/1-CIQ 和 DE/best/1-CIQ 算法得到的最优量化 图像。

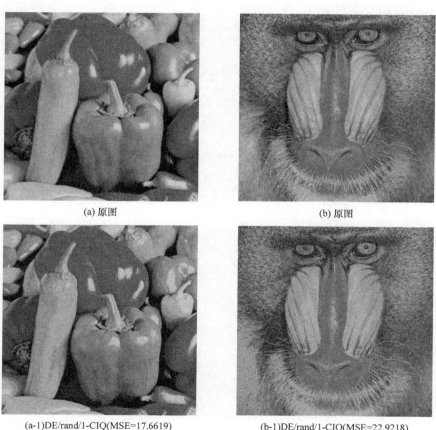

(a) 原图　　　　　　　　　　　　　　(b) 原图

(a-1)DE/rand/1-CIQ(MSE=17.6619)　　　　(b-1)DE/rand/1-CIQ(MSE=22.9218)

(a-2)DE/best/1-CIQ(MSE=17.4012)

(b-2)DE/best/1-CIQ(MSE=22.7922)

(c) 原图

(d) 原图

(c-1)DE/rand/1-CIQ(MSE=13.1324)

(d-1) DE/rand/1-CIQ (MSE=8.5277)

(c-2)DE/best/1-CIQ(MSE=13.0333)　　　　　　(d-2)DE/best/1-CIQ (MSE=8.2393)

图 8.2　DE/rand/1-CIQ 和 DE/best/1-CIQ 量化图像

从表 8.1～表 8.8 可见,对于所有测试图像而言,与 DE/rand/1-CIQ 算法相比,DE/best/1-CIQ 算法均可以获得更小的 MSE,但其 MSE 值的均方差略大(表 8.9)。

表 8.1　DE/rand/1-CIQ 算法将 Peppers 图像量化成 16 色彩色图像的 10 次实验最小 MSE

CR	F									
	0.1	0.2	0.3	0.4	0.5	0.6	0.7	0.8	0.9	1.0
0.1	21.7201	21.7388	23.4266	23.2344	24.0926	23.5161	24.4639	23.8458	24.2726	23.4025
0.2	22.2143	23.7269	24.5570	25.7905	25.0830	25.8300	24.1779	26.0766	26.4138	26.7751
0.3	23.4114	24.7432	24.7401	26.4408	26.0966	25.9556	27.5080	27.7721	27.5615	26.6241
0.4	22.5202	25.6863	26.7785	27.5692	27.8807	28.4770	29.2934	28.2195	27.6638	29.8587
0.5	19.7514	26.0517	26.8067	27.1605	27.8513	28.4269	29.1724	30.0528	30.3540	30.2596
0.6	17.7637	24.6115	27.7035	31.3091	29.3374	31.3679	30.3160	30.5234	29.5746	29.9909
0.7	17.6619	22.4910	26.3603	29.3859	27.9890	31.2225	30.6771	31.2626	31.6260	31.3452
0.8	17.8509	21.0059	26.8870	28.5591	30.5440	29.7678	31.0499	31.5920	31.9529	32.4106
0.9	18.4065	17.8487	21.4276	28.1912	30.8209	29.2124	29.3820	31.3786	32.7514	32.7472
1.0	28.0532	22.7339	21.2204	29.5788	31.4146	32.1398	31.8135	31.3969	32.0863	32.5973

表 8.2　DE/rand/1-CIQ 算法将 Baboon 图像量化成 16 色彩色图像的 10 次实验最小 MSE

CR	F									
	0.1	0.2	0.3	0.4	0.5	0.6	0.7	0.8	0.9	1.0
0.1	27.0837	27.6574	29.2851	28.0616	28.3971	28.3577	29.0066	28.6156	28.5051	29.0901
0.2	28.0185	28.9460	30.0069	30.0903	30.0069	30.0023	29.8958	29.8571	30.0945	30.9281
0.3	27.7687	29.5398	30.2463	29.8078	30.9512	31.9727	30.9305	31.5630	31.6509	31.3209

续表

CR	F									
	0.1	0.2	0.3	0.4	0.5	0.6	0.7	0.8	0.9	1.0
0.4	27.0464	29.6531	30.9729	32.0650	31.2224	32.5412	33.2428	32.3840	32.2211	32.7870
0.5	25.5841	29.0574	30.5849	31.0977	32.4865	32.4374	32.3578	33.5689	34.0622	32.8508
0.6	23.1958	28.3561	31.6027	32.4964	32.7686	31.5104	33.8013	33.8223	34.2327	33.6722
0.7	23.0390	25.6682	30.7931	33.0359	32.6387	33.2734	34.2266	35.2906	35.0708	34.2808
0.8	22.9218	23.4475	29.3575	31.2301	33.6782	34.2373	34.3740	34.6544	34.7770	35.1346
0.9	23.3864	23.2662	26.5197	31.6712	32.2480	34.5973	34.1702	35.3585	35.0626	34.0998
1.0	30.2429	27.4207	25.9341	26.2330	32.2085	33.7568	36.6972	34.9515	32.7321	34.3466

表 8.3　DE/rand/1-CIQ 算法将 lena 图像量化成 16 色彩色图像的 10 次实验最小 MSE

CR	F									
	0.1	0.2	0.3	0.4	0.5	0.6	0.7	0.8	0.9	1.0
0.1	17.9518	18.0613	18.4062	18.9256	19.4935	19.4396	20.0436	19.8486	19.4535	19.7219
0.2	18.7431	19.8908	20.5481	20.3143	20.8570	20.8297	21.1918	21.3502	21.0488	21.5411
0.3	18.4951	20.1998	20.1444	22.3080	21.4998	22.0243	22.5199	22.6330	22.5896	22.5326
0.4	17.1838	20.7429	20.7015	19.3871	22.8881	23.2948	22.9642	23.1078	23.6549	23.8676
0.5	15.5354	19.5305	21.9417	23.0226	23.1896	23.5206	24.8961	25.0436	24.2579	24.9874
0.6	13.5226	18.1536	22.0950	24.0089	23.9411	24.7646	25.8772	25.0065	25.5792	24.8465
0.7	13.1324	16.3998	21.8865	23.6634	24.2895	25.8317	25.3360	23.8234	25.9890	26.7220
0.8	13.1940	13.9830	21.8442	24.1501	25.3208	24.6900	25.9385	26.0583	27.2489	25.5595
0.9	14.5156	13.9854	16.4777	22.2748	24.7723	26.0929	26.5733	26.0967	27.4128	26.3300
1.0	20.9894	17.8378	16.2841	19.3871	25.0149	26.3331	26.9375	26.8488	27.7049	26.7126

表 8.4　DE/rand/1-CIQ 算法将 Airplane 图像量化成 16 色彩色图像的 10 次实验最小 MSE

CR	F									
	0.1	0.2	0.3	0.4	0.5	0.6	0.7	0.8	0.9	1.0
0.1	12.4445	12.9337	12.8492	13.3891	13.6975	13.1410	14.2519	13.7740	13.6018	13.5806
0.2	13.118	13.2335	13.3146	14.5873	14.0027	14.5255	15.3773	15.2144	14.6332	14.7560
0.3	12.6106	13.8031	13.8031	15.1467	14.8091	16.0785	16.1253	16.1554	16.3120	15.8061
0.4	11.5463	14.2320	14.2320	16.4865	16.5363	16.5689	16.6129	17.0859	17.3823	16.1610
0.5	10.8030	16.4235	16.4235	16.0520	17.7206	16.3642	18.0236	17.9163	17.6119	17.6959
0.6	9.0158	16.3429	16.3429	16.8233	15.8661	17.6577	18.9875	17.1022	18.6795	17.5106

CR	F									
	0.1	0.2	0.3	0.4	0.5	0.6	0.7	0.8	0.9	1.0
0.7	8.5277	15.3948	15.3948	17.7342	17.9188	18.9002	19.0770	18.7465	18.8776	19.4096
0.8	8.5741	14.0439	14.0439	16.5623	17.5180	18.6377	18.6714	18.9318	18.7321	19.6651
0.9	9.0200	11.7099	11.7099	15.1821	18.4659	19.1920	19.3253	19.4351	19.7262	19.5546
1.0	14.7318	10.9302	10.9302	11.8577	17.7525	17.9223	20.0254	20.1608	19.1111	18.7216

表 8.5　DE/best/1-CIQ 算法将 Peppers 图像量化成 16 色彩色图像的 10 次实验最小 MSE

CR	F									
	0.1	0.2	0.3	0.4	0.5	0.6	0.7	0.8	0.9	1.0
0.1	17.7443	17.9374	19.2127	21.6296	22.6841	23.2440	23.9235	23.3300	24.657	24.4819
0.2	18.1334	17.5981	17.4012	18.9327	23.4746	24.9438	25.5602	25.1499	26.4493	25.5500
0.3	18.8888	18.1357	17.5936	17.5923	24.3207	26.7490	23.9235	27.7847	27.8145	27.5203
0.4	20.2666	18.9078	18.1389	17.4692	18.7930	26.6878	28.1975	27.9415	27.8559	28.4577
0.5	21.9889	19.9446	18.4975	17.5658	17.6828	26.6723	28.8693	29.2816	27.8816	27.5287
0.6	22.6304	20.0271	19.1385	18.2874	17.6351	25.4080	28.3745	30.0810	29.0654	29.3219
0.7	23.9350	21.7624	20.7733	18.6177	17.8340	17.9415	29.4818	29.5312	30.4870	29.6229
0.8	24.9967	24.2159	22.0148	20.0010	18.5407	17.7514	28.5065	29.3837	29.5183	29.0470
0.9	29.1075	24.5586	22.8772	21.5443	20.1511	17.9796	21.2306	24.5234	24.4006	25.3149
1.0	29.1705	27.3647	24.2700	22.5939	20.8676	21.6217	20.8769	22.1840	22.2946	33.1469

表 8.6　DE/best/1-CIQ 算法将 Baboon 图像量化成 16 色彩色图像的 10 次最小实验 MSE

CR	F									
	0.1	0.2	0.3	0.4	0.5	0.6	0.7	0.8	0.9	1.0
0.1	22.927	23.1193	24.3841	26.7129	26.8743	27.0004	27.7683	28.8506	29.0746	28.8347
0.2	23.1653	22.9312	22.8557	23.9009	27.8253	29.5941	30.0527	30.3177	30.5883	29.8099
0.3	23.9677	23.3765	22.8510	22.8812	26.3203	30.1737	30.9101	31.2048	31.3472	31.5410
0.4	24.5684	23.6337	22.9906	22.8946	24.0433	30.3675	31.6855	32.9515	32.7791	31.2011
0.5	25.7808	23.9333	23.4166	22.8737	22.8381	28.0873	31.4899	32.3695	33.2184	33.0009
0.6	27.1695	25.1848	23.9054	23.2569	22.7922	26.9178	32.2219	33.5789	33.4937	33.8306
0.7	28.4995	26.1919	24.5792	23.6978	23.0979	23.1268	32.3502	32.0278	33.6337	34.7594
0.8	30.133	27.3662	25.1686	24.4120	23.4544	22.8493	26.2886	32.534	33.5305	31.8349
0.9	28.7377	26.6347	26.1858	24.8327	23.9264	23.0567	23.8724	27.2174	28.8101	30.3666
1.0	32.0458	29.0704	28.0985	27.8110	26.3036	25.2330	25.7193	25.4760	25.7573	37.9586

表 8.7　DE/best/1-CIQ 算法将 Lena 图像量化成 16 色彩色图像的 10 次实验最小 MSE

CR	F 0.1	0.2	0.3	0.4	0.5	0.6	0.7	0.8	0.9	1.0
0.1	13.1900	13.3968	14.9089	16.5807	17.9098	18.6109	19.2287	20.2492	20.1781	19.8137
0.2	13.6480	13.4136	13.2614	14.9515	18.2444	20.1953	20.4243	20.7014	21.2096	20.6437
0.3	15.3232	14.1914	13.0333	13.0931	17.5615	21.0360	21.2275	22.2033	22.2900	22.7472
0.4	14.9944	14.3338	13.6429	13.1436	15.5057	21.0894	22.5229	24.1771	23.8215	23.8778
0.5	17.2442	15.0734	13.8771	13.2251	13.1859	21.5265	23.7302	25.0016	25.0017	24.1391
0.6	18.3662	15.5800	15.5706	13.8708	13.0905	17.2064	23.8952	24.2361	23.1306	24.2583
0.7	19.2275	17.2399	15.7741	15.0455	13.3256	13.7225	23.7066	24.8800	24.8909	24.8399
0.8	21.5808	19.0129	16.6101	15.7625	13.8504	13.1075	21.3469	23.6773	22.7264	26.4871
0.9	21.7487	19.0661	17.5555	16.2262	14.7956	13.3178	16.0152	19.8399	19.9435	19.6735
1.0	26.5476	20.3440	18.9780	18.5410	17.2323	15.9898	15.1637	16.5754	18.4699	27.1302

表 8.8　DE/best/1-CIQ 算法将 Airplane 图像量化成 16 色彩色图像的 10 次实验最小 MSE

CR	F 0.1	0.2	0.3	0.4	0.5	0.6	0.7	0.8	0.9	1.0
0.1	8.2393	8.74444	9.93041	11.5228	13.0254	12.9549	13.7649	13.8977	14.1643	14.1574
0.2	8.9776	8.42305	8.5556	9.9505	12.8396	14.508	14.6758	13.4183	15.0716	14.5620
0.3	9.7015	8.78211	8.42688	8.68107	10.3757	13.7018	15.5258	16.0971	16.2759	16.2064
0.4	10.2255	9.54768	9.06638	8.44453	9.75895	14.424	16.5051	16.343	16.9635	16.2683
0.5	11.0915	10.1751	10.0240	8.97767	8.57069	13.4538	16.0805	17.3251	17.9274	17.7203
0.6	12.8939	10.6356	9.36899	9.6857	8.37049	12.1223	16.1919	16.6375	17.5553	17.5636
0.7	12.5833	11.3237	11.0355	9.50101	8.84991	10.0514	15.0345	16.4120	18.4100	18.4677
0.8	14.6995	12.2165	11.2778	10.1388	9.52647	8.54229	11.8631	15.0069	17.1334	15.7986
0.9	17.5613	12.9583	12.6253	11.7711	9.94879	8.50224	11.2289	13.9383	13.8663	13.8000
1.0	17.6501	16.1743	13.0211	12.9770	11.9656	10.5444	10.7244	11.3112	11.9495	20.7492

表 8.9　DE/best/1-CIQ 与 DE/rand/1-CIQ 量化图像的最小 MSE 比较

算法	图像 Peppers 最小 MSE	均方差	图像 Baboon 最小 MSE	均方差	图像 Lena 最小 MSE	均方差	图像 Airplane 最小 MSE	均方差
DE/rand/1-CIQ	17.6619	3.1556	22.9218	2.5504	13.1324	2.9272	8.5277	2.2826
DE/best/1-CIQ	17.4012	3.6802	22.7922	3.2680	13.0333	3.4912	8.2393	2.6850

从图 8.2 可见,总体来说 DE/best/1-CIQ 算法和 DE/rand/1-CIQ 算法对所有

测试图像的量化效果都比较好；通过 DE/best/1-CIQ 算法获得的量化图像相近颜色间的层次更丰富，视觉上感觉层次过渡更自然，如图像 Peppers 右上角青椒，图像 Baboon 的眼珠和图像 Lena 的面部和肩部（图 8.3），而图像 Airplane 自身包含的颜色种类较少且相近颜色层次较少，因此用 DE/best/1-CIQ 算法和 DE/rand/1-CIQ 算法将其量化为 16 色彩色图像时，局部细节都保留得比较完整且相近颜色间的层次过渡也较好。

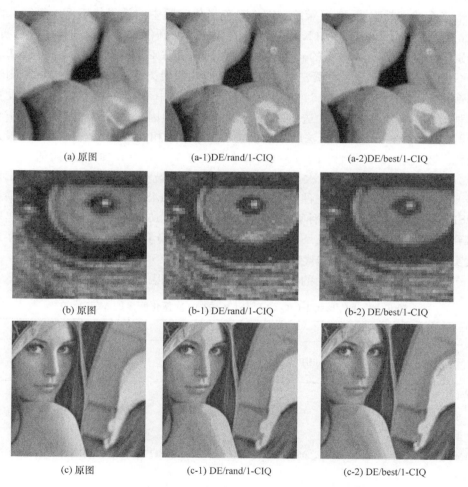

(a) 原图　　　　　　　(a-1)DE/rand/1-CIQ　　　　　　(a-2)DE/best/1-CIQ

(b) 原图　　　　　　　(b-1) DE/rand/1-CIQ　　　　　　(b-2) DE/best/1-CIQ

(c) 原图　　　　　　　(c-1) DE/rand/1-CIQ　　　　　　(c-2) DE/best/1-CIQ

图 8.3　DE/rand/1-CIQ 和 DE/best/1-CIQ 量化图像局部层次

因此，通过分析不同变异策略下 DE-CIQ 算法量化效果可知。

① 用 DE/rand/1-CIQ 算法和 DE/best/1-CIQ 算法将测试图像量化成 16 色彩色图像时，量化效果均比较理想。

② 相对于 DE/rand/1-CIQ 算法，DE/best/1-CIQ 算法可以找到更好的调色板。

③ 相对于 DE/rand/1-CIQ 算法，DE/best/1-CIQ 算法得到的最优量化图像的层次感更强。

(2)DE/best/1-CIQ、PSO、GA 和 K 均值聚类策略的彩色图像颜色量化效果比较

已有的文献表明，PSO 策略在图像颜色量化问题中的效果优于 GA 策略。因此，下面主要对 DE、PSO 和 K 均值策略的彩色图像颜色量化效果进行比较分析，分别运用基于 DE/best/1 的彩色图像颜色量化算法 DE/best/1-CIQ 算法、基于 PSO 的彩色图像颜色量化算法 PSO-CIQ 和 K 均值聚类算法将图 8.1 中四个测试图像量化为 16 色、32 色和 64 色彩色图像。在实验中，DE/best/1 算法参数设置为种群规模 NP=100，最大迭代次数 $t_{max}=200$，变异因子和交叉概率取值为 $F=0.3$，$CR=0.3$；PSO-CIQ 算法的参数设置与文献[11]相同，粒子个数 $N=100$，最大迭代次数 $t_{max}=200$，惯性因子 $\omega=0.72$，学习因子 $c_1=c_2=1.49$，速度阈值 $V_{max}=0.4$。三个算法均运行 10 次，记录 10 次实验中的最小适应值（即最小 MSE）。表 8.10 与表 8.11 给出了三种算法 10 次实验的最小 MSE 值、最大 MSE 值和平均 MSE 值。图 8.4 给出了三种算法将测试图像量化为 16 色彩色图像时，10 次实验得到的最优量化图像。图 8.5 画出了 DE/best/1-CIQ 算法和 PSO-CIQ 算法的 10 次实验的平均 MSE 值随迭代次数增加的变化曲线。

对表 8.10~表 8.12 中的 MSE 结果进行分析可得。

表 8.10　DE/best/1-CIQ 和 PSO-CIQ 的 10 次量化图像的 MSE 比较

MSE	$K=16$			$K=32$			$K=64$		
	DE/best/1-CIQ	PSO-CIQ	diff1	DE/best/1-CIQ	PSO-CIQ	diff1	DE/best/1-CIQ	PSO-CIQ	diff1
Peppers									
min	17.5936	36.3436		14.1997	31.2216		13.4732	25.2330	
max	18.4560	40.9532		15.2477	34.1909		17.4214	27.6233	
average	18.0309	38.2374	20.2065	14.7105	32.5946	17.8841	14.9048	26.7745	11.8697
Baboon									
min	22.8510	35.8892		17.9704	29.8687		14.9093	24.6169	
max	23.3249	41.9940		18.5040	32.8485		17.1281	27.0737	
average	23.0722	38.6166	15.5444	18.3036	31.6166	13.3130	15.4492	25.9251	10.4759
Lena									
min	13.0333	29.6644		10.6505	26.2454		9.27533	21.7593	

续表

MSE	K=16			K=32			K=64		
	DE/best/1-CIQ	PSO-CIQ	diff1	DE/best/1-CIQ	PSO-CIQ	diff1	DE/best/1-CIQ	PSO-CIQ	diff1
max	13.9616	34.5867		12.1691	28.9036		12.4886	23.5834	
average	13.5739	32.5824	19.0085	11.2842	27.6132	16.329	9.9560	22.8741	12.9181
Airplane									
min	8.4269	21.3540		6.67344	18.3879		6.2686	14.3027	
max	9.3169	24.3200		7.90663	21.7221		6.8775	16.7610	
average	8.8598	22.7153	13.8555	7.21389	19.4472	12.2333	6.5178	15.6103	9.0925

注:diff1 是 PSO-CIQ 和 DE/best/1-CIQ10 次实验的平均 MSE 之差。

表 8.11　DE/best/1-CIQ 和 K 均值的 10 次量化图像 MSE 比较

	K=16			K=32			K=64		
	DE/best/1-CIQ	K 均值	diff2	DE/best/1-CIQ	K 均值	diff2	DE/best/1-CIQ	K 均值	diff2
Peppers									
min	17.5936	18.1086		14.1997	14.3262		13.4732	10.3215	
max	18.4560	21.2676		15.2477	15.4052		17.4214	10.4026	
average	18.0309	19.1384	1.1075	14.7105	14.7748	0.0643	14.9048	10.3669	−4.5379
Baboon									
min	22.8510	22.9532		17.9704	18.1240		14.9093	14.0429	
max	23.3249	24.9563		18.5040	19.1666		17.1281	14.1006	
average	23.0722	23.8558	0.7836	18.3036	18.7130	0.4094	15.4492	14.0646	−1.3846
Lena									
min	13.0333	15.6401		10.6505	11.3284		9.27533	7.6112	
max	13.9616	19.1314		12.1691	15.1756		12.4886	7.6691	
average	13.5739	16.9935	3.4196	11.2842	13.3017	2.0175	9.9560	7.6342	−2.3218
Airplane									
min	8.4269	9.1141		6.6734	7.1933		6.2686	4.6139	
max	9.3169	10.4430		7.9066	8.1762		6.8775	4.6579	
average	8.8598	9.6810	0.8212	7.21389	7.6072	0.39331	6.5178	4.6357	−1.8821

注:diff2 是 DE/best/1-CIQ 和 PSO-CIQ10 次实验的平均 MSE 之差。

表 8.12　DE/best/1-CIQ、PSO-CIQ 和 K 均值的 10 次量化图像最小 MSE 比较

颜色数	算法	图像			
		Peppers	Baboon	Lena	Airplane
$K=16$	DE/best/1-CIQ	17.5936	22.8510	13.0333	8.4269
	PSO-CIQ	36.3436	35.8892	29.6644	21.3540
	K 均值	18.1086	22.9532	15.6401	9.1141
$K=32$	DE/best/1-CIQ	14.1997	17.9704	10.6505	6.6734
	PSO-CIQ	31.2216	29.8687	26.2454	18.3879
	K 均值	14.3263	18.1240	11.3284	7.1933
$K=64$	DE/best/1-CIQ	13.4732	14.9093	9.2753	6.2686
	PSO-CIQ	25.2330	24.6169	21.7593	14.3027
	K 均值	11.5829	6.2686	6.2686	5.7969

(a-1)DE/best/1-CIQ (MSE=17.5936)

(b-1) DE/best/1-CIQ (MSE=22.8510)

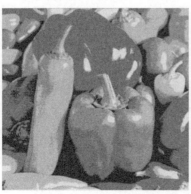

(a-2) PSO-CIQ (MSE=36.3436)

(b-2)PSO-CIQ (MSE=35.8892)

(a-3)K均值(MSE=18.1086)

(b-3)K均值(MSE=22.9532)

(c-1)DE/best/1-CIQ (MSE=13.0333)

(d-1) DE/best/1-CIQ(MSE=8.4269)

(c-2)PSO-CIQ (MSE=29.6644)

(d-2)PSO-CIQ (MSE=21.3540)

(c-3) K均值(MSE=15.6401)　　　　　　　(d-3) K均值(MSE=9.1141)

图 8.4　DE/best/1-CIQ、PSO-CIQ 和 K 均值算法得到的 16 色最优量化图像

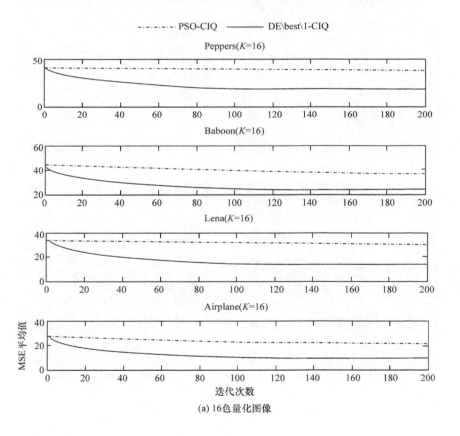

(a) 16色量化图像

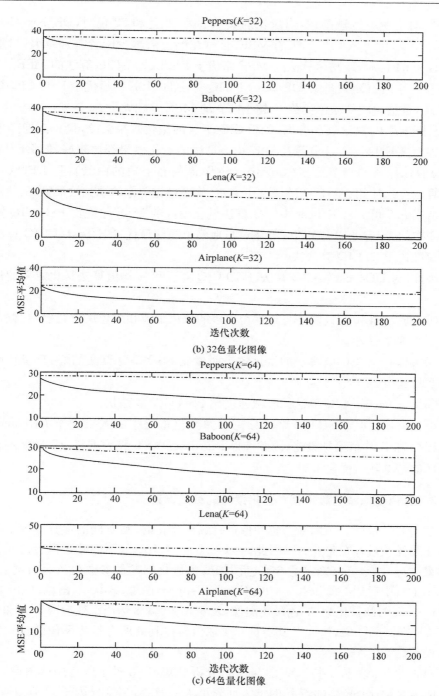

图 8.5　DE/best/1-CIQ 和 PSO-CIQ 的平均 MSE 值随迭代次数增加的变化曲线

① 对于所有测试图像,当量化的颜色数为 16 色和 32 色时,DE/best/1-CIQ 算法的 MSE 优于 K 均值算法的 MSE,且量化颜色数越少两者差别越大;当量化颜色数为 64 色时,K 均值算法的 MSE 略优于 DE/best/1-CIQ 算法的 MSE。

② 对于所有测试图像,DE/best/1-CIQ 算法的 MSE 明显优于 PSO-CIQ 算法的 MSE,且量化图像颜色类数 K 越小两者的 MSE 差越大。

从图 8.4 的视觉效果可见,PSO-CIQ 算法的量化效果较差,量化图像颜色失真度较大;DE/best/1-CIQ 算法和 K 均值算法的量化效果都比较好,但 DE/best/1-CIQ 算法保留的细节更多(如 Airplane 图像的右上角的白云),且 DE/best/1-CIQ 算法可以使相近颜色间的层次更丰富,从而量化图像的视觉效果更好。

从图 8.5 可见,DE/best/1-CIQ 算法量化图像的 MSE 始终比 PSO-CIQ 算法量化图像的 MSE 小;PSO-CIQ 算法过早地陷于局部最优;DE/best/1-CIQ 算法的收敛速度比 PSO-CIQ 算法快。

因此,对 DE/best/1-CIQ 算法、PSO-CIQ 算法和 K 均值算法量化效果的比较可知。

① DE/best/1-CIQ 算法可以保留更多的颜色细节和颜色层次,其量化颜色误差比 K 均值算法小。

② DE/best/1-CIQ 算法的量化效果明显比 PSO-CIQ 算法的好,且量化图像颜色数目越少,二者差别越大。

③ DE/best/1-CIQ 算法的收敛速度比 PSO-CIQ 算法快。

综上所述,DE/best/1 策略在彩色图像颜色量化中的效果优于 DE/rand/1、GA、PSO 和 K 均值聚类策略,因此选择 DE/best/1 策略作为求解彩色图像颜色量化问题的基本随机优化策略。

8.2.2 彩色图像颜色量化基本优化策略的参数设置

运用 DE/best/1 策略对彩色图像进行颜色量化时,在不同的参数设置下得到的量化图像质量存在着差异。因此,对 DE/best/1 策略的不同参数设置的颜色量化效果进行讨论,可以确定适合彩色图像颜色量化问题的参数设置是有必要的。在 8.1.1 节中运用 DE/best/1-CIQ 算法将 Peppers 图像、Baboon 图像、Lena 图像和 Airplane 图像量化为 16 色彩色图像,表 8.5~表 8.8 给出了变异因子 F 和交叉概率 CR 在区间 $[0.1, 1.0]$ 上以步长 0.1 取值时得到的所有量化图像的量化类内均方误差。

对表 8.5~表 8.8 中 MSE 结果进行分析可知,一般对于所有测试图像而言,当 CR 不变时,MSE 会随着 F 的增大而先增大后减小;当变异因子 $0.3 \leqslant F \leqslant 0.5$ 时,MSE 较小,此时当 F 不变时,MSE 随着交叉概率 CR 的增大而先减小后增大,

且 $0.2 \leqslant CR \leqslant 0.6$ 时，MSE 较小。因此，在彩色图像颜色量化的实际应用问题中，可建议变异因子 F 和交叉概率 CR 分别在 $[0.3, 0.5]$ 和 $[0.2, 0.6]$ 上取值。

具体地，对于图像 Peppers，算法在 $F=0.3$，$CR=0.2$ 时获得 MSE 最小值 17.4012，而在 $F=0.3$，$CR=0.3$ 时可以获得略次于 17.4012 的 MSE 值；对于图像 Baboon，算法在 $F=0.5$，$CR=0.6$ 时获得 MSE 最小值 22.7922，而在 $F=0.3$，$CR=0.3$ 时获得略次于 22.7922 的 MSE 值；对于图像 Lena，算法在 $F=0.3$，$CR=0.3$ 时获得 MSE 最小值 13.0333，对于图像 Airplane，算法在 $F=0.1$，$CR=0.1$ 时获得 MSE 最小值 8.2393，且在 $F=0.3$，$CR=0.3$ 时获得的仅次于 8.2393 的 MSE 值。从运用 DE/best/1 策略对图像进行颜色量化时，变异因子 F 和交叉概率 CR 的取值可以折中选取 $F=0.3$，$CR=0.3$。

8.3　彩色图像颜色量化的混合优化策略

为了进一步提高 DE/best/1 策略的量化效果和收敛速度，本章对 DE/best/1 优化策略进行变异差向量阈值限定和与 K 均值聚类混合改进，提出基于 K 均值聚类和 DE/best/1 的彩色图像颜色量化混合优化策略，并通过实验验证改进优化策略的有效性。

8.3.1　彩色图像颜色量化优化模型的元素置换等效性

当用基于种群的随机优化算法求解彩色图像颜色量化问题时，一般编码种群个体为量化图像中的代表色集合。例如，将彩色图像量化为 16 色量化图像时，随机优化算法的每个个体被定义为 48 维，连续的三个元素就是一个代表色。显然，把一个个体的前 3 个元素和接下来的 3 个元素互换位置时，只是两个代表色的位置置换，并不改变目标函数值。我们把这种在彩色图像颜色量化优化模型中存在的特有性质称为元素的置换等效性。

假设一种理想情况，随机算法的初始化种群服从均匀分布，且个体中元素从小到大按顺序排列，则最前面的 3 个元素接近 0，而最后面的 3 个元素接近 255，这两组元素间的元素置换性表明，算法没有必要通过运算，把接近 0 的元素变成接近 255 的元素，反之亦然。由此可见，算法的搜索重点应该在各元素的附近加强局部搜索，从而抑制远距离的个体元素的等效置换。

基于上述思想，在接下来设计的两个混合优化策略中，设置 DE/best/1 算法变异操作的阈值，并辅以 K 均值聚类算法来加强算法的局部搜索能力。

8.3.2　混合策略

为了提高 DE/best/1 策略的量化效果，我们提出两种 DE/best/1 策略与 K 均值聚类策略的不同混合策略。

混合策略 1,对每一个候选调色板先进行 DE/best/1 的变异和交叉操作,再以给定的概率选择用 K 均值聚类策略或 DE/best/1 的选择操作继续进行更新(即一部分变异和交叉后的个体用 K 均值进行更新,而另一部分个体则用 DE/best/1 的选择操作进行更新),重复迭代更新最终得到最优调色板。

混合策略 2,先以给定的概率对随机产生的部分候选调色板用 K 均值聚类策略进行调整,然后将所有候选调色板运用 DE/best/1 策略进行迭代更新,最终得到最优调色板。

混合策略 1 和混合策略 2 中 DE/best/1 策略和 K 均值聚类策略的使用次序正好相反。DE 算法的计算复杂度比 K 均值算法大,混合策略 2 先使用 K 均值策略对调色板中颜色进行快速优化调整,再用 DE 策略进行迭代更新,可以简化 DE 算法的搜索空间,从而提高 DE 算法的收敛速度。

8.3.3　彩色图像颜色量化的混合差分演化算法

记彩色图像 $I(i,j)=\{I_R(i,j),I_G(i,j),I_B(i,j)\,|\,1\leqslant i\leqslant M,1\leqslant j\leqslant N\}$,将其量化成包含 K 种颜色的彩色图像 $I'(i,j)=\{I'_R(i,j),I'_G(i,j),I'_B(i,j)\,|\,1\leqslant i\leqslant M,1\leqslant j\leqslant N\}$。下面在彩色图像颜色量化的基本优化策略中将 DE/best/1 策略分别用混合策略 1 和混合策略 2 替换,并且将变异差向量限定在 $[0,100]$,提出两种彩色图像颜色量化的混合优化算法,即混合差分演化 K 均值聚类算法-CIQ(hybrid differential evolution with K-mean algorithm for CIQ,HDEKM_CIQ)和加速混合差分演化 K 均值聚类算法-CIQ(accelerated hybrid differential evolution with K-mean algorithm for CIQ,AHDEKM_CIQ)。

1. HDEKM_CIQ 算法基本步骤

Step1,输入彩色图像 I,确定调色板颜色数目 K,种群规模 NP,变异因子 F 和交叉概率 CR,初始迭代次数 $t=0$,最大迭代次数 $t_{\max}$。

Step2,种群初始化。在 RGB 颜色空间中随机选择 K 个颜色初始化种群 $X(t)=\{x^{1,t},x^{2,t},\cdots,x^{\mathrm{NP},t}\}$ 中每个个体,即

$$x^{j,t}=(x_1^{j,t},x_2^{j,t},x_3^{j,t},\cdots,x_{3K-2}^{j,t},x_{3K-1}^{j,t},x_{3K}^{j,t})$$

构成一组初始候选调色板 $(c_1^{j,t},c_2^{j,t},\cdots,c_K^{j,t})$,把适应值最优的个体赋予 $x^{\mathrm{best},0}$。

Step3,对种群 $X(t)$ 中每个个体进行如下操作。

第一,对每个父代个体 $x^{j,t}$,从种群 $X(t)$ 中随机选取两个不同的个体 $x^{r_1,t}$,$x^{r_2,t}$,令 $\mathrm{diff}=(x^{r_1,t}-x^{r_2,t})\%100$,则根据给定的变异因子 F 进行变异得到子代个体,即

$$u^{j,t}=(u_1^{j,t},u_2^{j,t},u_3^{j,t},\cdots,u_{3K-2}^{j,t},u_{3K-1}^{j,t},u_{3K}^{j,t})=x^{\mathrm{best},t}+F\cdot\mathrm{diff},\quad \mathrm{DE/best/1}$$

第二,每个父代个体 $x^{j,t}$ 的与其对应的子代个体 $u^{j,t}$ 进行交叉,产生中间实验个体 $v^{j,t}=(v_1^{j,t},v_2^{j,t},v_3^{j,t},\cdots,v_{3K-2}^{j,t},v_{3K-1}^{j,t},v_{3K}^{j,t})$,其中

$$v_i^{j,t}=\begin{cases}u_i^{j,t}, & \text{rand}_i\leqslant CR \text{ 或 } i=\text{rnbr}_j \\ x_i^{j,t}, & \text{其他}\end{cases}, \quad i=1,2,\cdots,3K,$$

其中,rnbr_j 是一个在 $\{1,2,\cdots,NP\}$ 中随机选择的整数。

第三,对每个 $v^{j,t}$,产生一个 $[0,1]$ 上服从均匀分布的随机数 randp,如果 randp$\leqslant$ P_k,则用 K 均值算法迭代 10 次,并让新产生的个体直接进入下一代;否则,根据式(8.1),计算父代个体 $x^{j,t}$ 和实验个体 $v^{j,t}$ 的适应值 $g(x^{j,t})$ 和 $g(v^{j,t})$,通过适应值竞争,在 $x^{j,t}$ 和 $v^{j,t}$ 之间择优选取,产生下一代种群个体,即

$$x^{j,t+1}=\begin{cases}x^{j,t}, & g(x^{j,t})\leqslant g(v^{j,t}) \\ v^{j,t}, & \text{其他}\end{cases}, \quad j=1,2,\cdots,N,$$

得到下一代种群 $X(t+1)=\{x^{1,t+1},x^{2,t+1},\cdots,x^{NP,t+1}\}$。

Step4,更新种群的最优个体 $x^{\text{best},t}$。

Step5,若 $t<t_{\max}$,则令 $t=t+1$,返回步骤 Step3;否则,进行下述步骤。

Step6,$X(t+1)=\{x^{1,t+1},x^{2,t+1},\cdots,x^{NP,t+1}\}$ 为一组最终候选调色板,比较 $X(t+1)$ 中个体的适应值,记 $f(x^{\text{best}})=\min\limits_{j=1,2,\cdots,NP}\{f(x^{j,t})\}$,则适应值最小的个体为最优调色板,即

$$x^{\text{best}}=(x_1^{\text{best}},x_2^{\text{best}},\cdots,x_{3K}^{\text{best}})\overset{\Delta}{=}(c_1^{\text{best}},c_2^{\text{best}},\cdots,c_K^{\text{best}})$$

$$c_k^{\text{best}}=(x_{1+3(k-1)}^{\text{best}},x_{2+3(k-1)}^{\text{best}},x_{3+3(k-1)}^{\text{best}}), \quad k=1,2,\cdots,K$$

Step7,根据颜色距离最近原则,建立彩色图像 I 与最优调色板($c_1^{\text{best}},c_2^{\text{best}},\cdots,c_K^{\text{best}}$)间的颜色映射,通过映射关系将彩色图像 I 中像素颜色用调色板对应颜色替换,即得到量化彩色图像 I'。

2. AHDEKM_CIQ 算法基本步骤

Step1,输入彩色图像 I,确定调色板颜色数目 K,种群规模 NP,变异因子 F,交叉概率 CR,概率 P_k,初始迭代次数 $t=0$ 和最大迭代次数 $t_{\max}$。

Step2,种群初始化。在 RGB 颜色空间中随机选择 K 个颜色初始化种群 $X(t)=\{x^{1,t},x^{2,t},\cdots,x^{NP,t}\}$ 中每个个体 $x^{j,t}=(x_1^{j,t},x_2^{j,t},x_3^{j,t},\cdots,x_{3K-2}^{j,t},x_{3K-1}^{j,t},x_{3K}^{j,t})$,构成一组初始候选调色板($c_1^{j,t},c_2^{j,t},\cdots,c_K^{j,t}$)。

Step3,对种群 $X(t)$ 中每个个体依次循环进行如下操作,对每个父代个体 $x^{j,t}$,产生以在 $[0,1]$ 上服从均匀分布的随机数 randp,如果 randp$\leqslant$P_k,执行 Step4;否则,执行 step5。

Step4,对每个个体进行应用 K 均值算法迭代 10 次,并把迭代产生的个体与原个体对比,适应值优的个体进入下一代种群,并进行更新 $x^{\text{best},t}$。

Step5,对每个个体依次进行如下加速的 DE/best/1 操作。

第一,从种群 $X(t)$ 中随机选取两个不同的个体 $x^{r_1,t},x^{r_2,t}$,令 diff $=(x^{r_1,t}-x^{r_2,t})\%100$,则根据给定的变异因子 F 进行变异得到子代个体,即

$$u^{j,t}=(u_1^{j,t},u_2^{j,t},u_3^{j,t},\cdots,u_{3K-2}^{j,t},u_{3K-1}^{j,t},u_{3K}^{j,t})=x^{best,t}+F\cdot \text{diff}, \quad \text{DE/best/1}$$

第二,每个父代个体 $X(t)$ 的与其对应的子代个体 $u^{j,t}$ 进行交叉,产生中间实验个体 $v^{j,t}=(v_1^{j,t},v_2^{j,t},v_3^{j,t},\cdots,v_{3K-2}^{j,t},v_{3K-1}^{j,t},v_{3K}^{j,t})$,其中

$$v_i^{j,t}=\begin{cases}u_i^{j,t}, & \text{rand}_i\leqslant CR \text{ 或 } i=\text{rnbr}_j \\ x_i^{j,t}, & \text{其他}\end{cases}, \quad i=1,2,\cdots,3K$$

其中,rnbr_j 是一个在 $\{1,2,\cdots,NP\}$ 中随机选择的整数。

第三,根据式(8.1),计算父代个体 $x^{j,t}$ 和实验个体 $v^{j,t}$ 的适应值 $g(x^{j,t})$ 和 $g(v^{j,t})$,通过适应值竞争,在 $x^{j,t}$ 和 $v^{j,t}$ 之间择优选取,产生下一代种群个体,即

$$x^{j,t+1}=\begin{cases}x^{j,t}, & g(x^{j,t})\leqslant g(v^{j,t}) \\ v^{j,t}, & \text{其他}\end{cases}, \quad j=1,2,\cdots,N$$

并更新 $x^{best,t}$。

Step6,若 $t<t_{max}$,则令 $t=t+1$,返回 Step3;否则,进行下述步骤。

Step7,$X(t+1)=\{x^{1,t+1},x^{2,t+1},\cdots,x^{NP,t+1}\}$ 为一组最终候选调色板,比较 $X(t+1)$ 中个体的适应值,记 $f(x^{best})=\min\limits_{j=1,2,\cdots,NP}\{f(x^{j,t})\}$,则适应值最小的个体为最优调色板,即

$$x^{best}=(x_1^{best},x_2^{best},\cdots,x_{3K}^{best})\overset{\Delta}{=}(c_1^{best},c_2^{best},\cdots,c_K^{best})$$
$$c_k^{best}=(x_{1+3(k-1)}^{best},x_{2+3(k-1)}^{best},x_{3+3(k-1)}^{best}), \quad k=1,2,\cdots,K$$

Step8,根据颜色距离最近原则,建立彩色图像 I 与最优调色板($c_1^{best},c_2^{best},\cdots,c_K^{best}$)间的颜色映射,通过映射关系将彩色图像 I 中像素颜色用调色板对应颜色替换,即得到量化彩色图像 I'。

8.3.4　数值实验

为了比较上述提出的混合优化策略、DE/best/1 策略和 K 均值聚类策略的量化效果。本节运用 HDEKM_CIQ 算法和 AHDEKM_CIQ 算法将图 8.1 中测试图像 Peppers、Baboon、Lena 和 Airplane 均量化为 16 色彩色图像。

在本节实验中,HDEKM_CIQ 算法和 AHDEKM_CIQ 算法中参数设置均为种群规模 $NP=100$,最大迭代次数 $t_{max}=200$,概率 p 分别取为 0.1、0.05、0.01,而根据 8.1.2 节彩色图像颜色量化基本优化策略的参数设置建议,变异因子 F 和交叉概率 CR 分别在 [0.3,0.5] 和 [0.2,0.6] 上以步长 0.1 取值。将各组参数设置的 HDEKM_CIQ 算法和 AHDEKM_CIQ 算法均运行 10 次,记录最小量化误差 MSE。对于图像 Peppers、Baboon 和 Lena,当 $F=0.5$、$CR=0.5$ 时 HDEKM_CIQ

算法和 AHDEKM_CIQ 算法得到的 MSE 最小,而对于图像 Airplane,当 $F=0.5$、CR＝0.5 时,AHDEKM_CIQ 算法得到的 MSE 最小,且 HDEKM_CIQ 算法也得到相对较小的 MSE。表 8.13 给出了当 $F=0.5$、CR＝0.5 时,HDEKM_CIQ 算法和 AHDEKM_CIQ 算法的最小 MSE,8.1.1 节实验得到的当 $F=0.3$、CR＝0.3 时 DE/best/1-CIQ 的最小 MSE,以及 K 均值聚类算法的最小 MSE;图 8.6 给出了 HDEKM_CIQ 算法和 AHDEKM_CIQ 算法的部分量化图像;图 8.7 为 HDEKM_CIQ 算法、AHDEKM_CIQ 算法和 DE/best/1-CIQ 算法的 10 次实验中的平均 MSE 随迭代次数增大的变化曲线图。

表 8.13　HDEKM_CIQ、AHDEKM_CIQ、DE/best/1-CIQ 和 K 均值
的 16 色彩色图像的 MSE(10 次实验的最小值)

算法	p	Peppers	Baboon	Lena	Airplane
HDEKM_CIQ	0.1	18.0422	22.833	13.3054	8.5536
	0.05	17.2688	22.8017	13.4875	8.3888
	0.01	17.2641	22.7789	12.9543	8.2188
AHDEKM_CIQ	0.1	17.3258	22.7527	12.9390	8.1547
	0.05	17.2075	22.7801	12.9794	8.1060
	0.01	17.2012	22.7478	12.9918	8.1685
DE/best/1-CIQ		17.5936	22.8510	13.0333	8.4269
K 均值		18.1086	22.9532	15.6401	9.1141

8.3.5　实验结果分析

由表 8.13 可得。

① 对于所有测试图像而言,HDEKM_CIQ 算法和 AHDEKM_CIQ 算法的 MSE 比 DE/best/1-CIQ 算法和 K 均值算法的 MSE 小。

② 对于所有测试图像而言,在概率 p 相同的情况下,AHDEKM_CIQ 算法的 MSE 均略小于 HDEKM_CIQ 算法的 MSE。

③ 对于所有测试图像而言,HDEKM_CIQ 算法的 MSE 会随着概率 p 的减小而减小。

④ 对于测试图像 Peppers 和 Banboon,AHDEKM_CIQ 算法的 MSE 会随着概率 p 的减小而减小;对于测试图像 Lena,当概率 $p=0.1$ 时,AHDEKM_CIQ 算法的 MSE 最小;对于测试图像 Airplane,当概率 $p=0.05$ 时,AHDEKM_CIQ 算法的 MSE 最小。

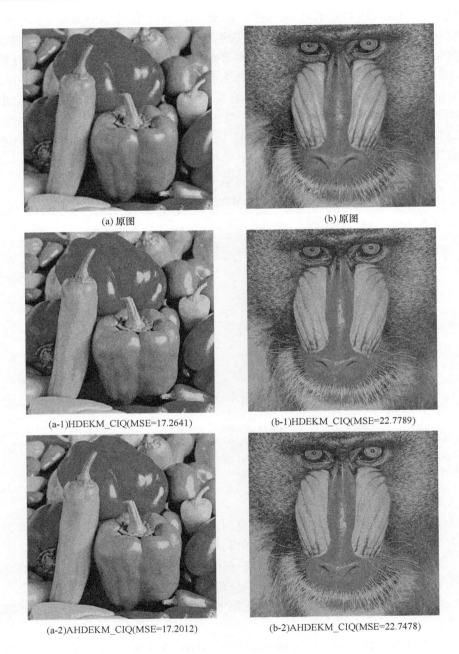

(a) 原图　　　　　　　　　　　　(b) 原图

(a-1)HDEKM_CIQ(MSE=17.2641)　　　(b-1)HDEKM_CIQ(MSE=22.7789)

(a-2)AHDEKM_CIQ(MSE=17.2012)　　(b-2)AHDEKM_CIQ(MSE=22.7478)

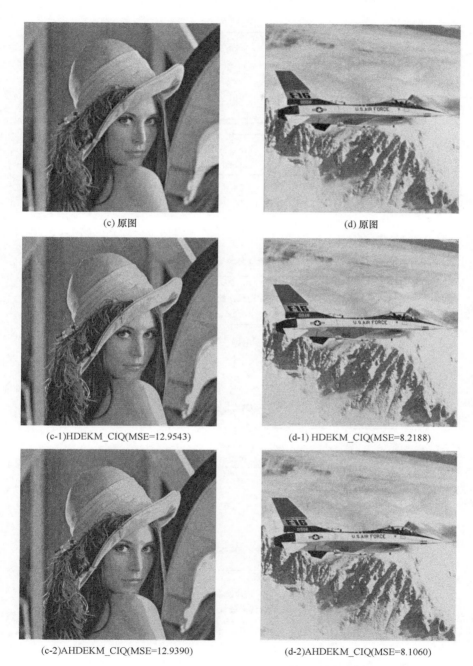

(c) 原图　　　　　　　　　　　　　(d) 原图

(c-1)HDEKM_CIQ(MSE=12.9543)　　　(d-1) HDEKM_CIQ(MSE=8.2188)

(c-2)AHDEKM_CIQ(MSE=12.9390)　　　(d-2)AHDEKM_CIQ(MSE=8.1060)

图 8.6　HDEKM_CIQ 和 AHDEKM_CIQ 算法得到的 16 色最优量化图像

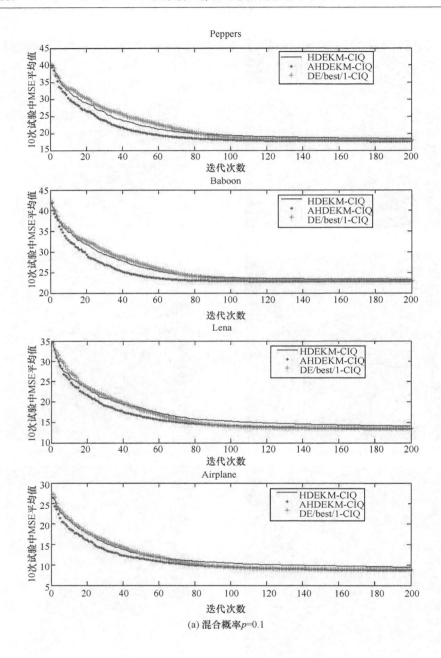

(a) 混合概率p=0.1

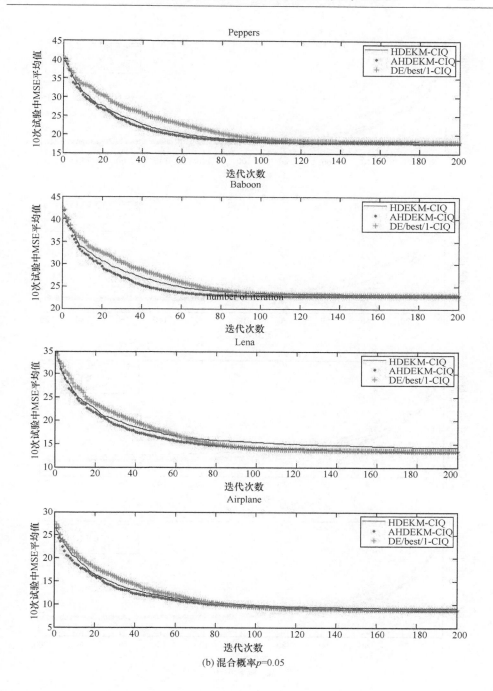

(b) 混合概率p=0.05

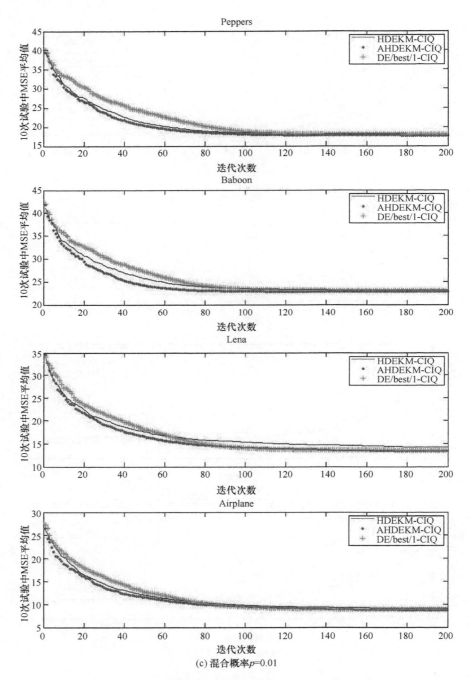

(c) 混合概率 p=0.01

图 8.7 HDEKM_CIQ、AHDEKM_CIQ 和 DE/best/1-CIQ
10 次实验的平均 MSE 值随迭代次数增加的变化曲线

　　由图 8.6 可见,由 HDEKM_CIQ 算法和 AHDEKM_CIQ 算法都可以得到效果较理想的量化图像。

　　由图 8.7 可见,对于所有测试图像,当概率 p 相同时,HDEKM_CIQ 算法和 AHDEKM_CIQ 算法的收敛速度均比 DE/best/1-CIQ 算法的收敛速度快,而 AHDEKM_CIQ 算法又比 HDEKM_CIQ 算法收敛速度快。

　　因此,由上述实验结果分析可见。

　　① HDEKM_CIQ 算法和 AHDEKM_CIQ 算法的量化效果比 DE/best/1-CIQ 算法和 K 均值算法好,且四种算法量化效果的优先级顺序为 AHDEKM_CIQ 算法、HDEKM_CIQ 算法、DE/best/1-CIQ 算法和 K 均值算法。

　　② 在实际应用中,HDEKM_CIQ 算法中参数建议设置为,变异因子 $F=0.5$、交叉概率 $CR=0.5$、概率 $p=0.01$;AHDEKM_CIQ 算法中参数一般建议设置为变异因子 $F=0.5$、交叉概率 $CR=0.5$、概率 $p=0.01$,若整个图像中颜色层次较接近(如 Lena 图像),概率 p 建议设置为 0.1,而若图像自身颜色数目较少,而其中某些颜色像素在整个图像中所占比例极小(如 Airplane 图像中白色像素居多,而其他几种颜色像素极少),则概率 p 建议设置为 0.05。

　　③ 一般来说,HDEKM_CIQ 算法和 AHDEKM_CIQ 算法的收敛速度均比 DE/best/1-CIQ 算法快;AHDEKM_CIQ 算法的收敛速度又略优于 HDEKM_CIQ 算法。

　　综上所述,对基于 DE/best/1 的彩色图像颜色量化的基本优化策略进行改进后,得到的彩色图像颜色量化的混合优化策略为:在 DE/best/1 策略中对变异差向量进行阈值限定,并且先小概率的应用 K 均值聚类策略对部分个体进行局部调整,然后再对所有个体应用 DE/best/1 策略进行优化。

8.4　本 章 小 结

　　本章主要研究基于随机优化的彩色图像颜色量化优化策略。首先,通过常用测试图像的量化实验,对随机优化策略中的 GA、PSO、DE 策略和 K 均值聚类策略在彩色图像颜色量化中的效果进行了比较。结果表明,DE 策略的量化效果优于 GA 策略、PSO 策略和 K 均值聚类策略,且随着代表色数目的减少这种优势越明显。然后,通过常用测试图像的量化实验,比较了两个常用版本的 DE 策略:DE/rand/1 和 DE/best/1。结果表明,DE/rand/1 和 DE/best/1 的量化效果都比较好,但 DE/best/1 策略可以保留更多彩色图像的颜色细节和颜色层次。因此,本章选择 DE/best/1 策略作为本文彩色图像颜色量化的基本优化策略,并讨论面向彩色图像颜色量化问题的 DE/best/1 策略中的参数设置。最后,为提高 DE/best/1策略的量化效果和收敛速度,本章对彩色图像颜色量化优化模型特征进行分析,发现其种群个体元素存在着置换等效性。根据这一特征,本章在 DE/best/1 策略中设置变异操作的阈值,并辅以 K 均值聚类策略来加强算法的局部搜索能力,抑制元素的远距离等效置换,提出两种不同的彩色图像颜色量化混合优化方法,并通过量化实验确定最优的彩色图像颜色量化混合优化策略。

参 考 文 献

［1］ Braquelaire J P,Brun L. Comparison and optimization of methods of color image quantization[J]. Image Processing,IEEE Transactions on,1997,6(7):1048-1052.

［2］ Alamdar F,Bahmani Z,Haratizadeh S. Color quantization with clustering by F-PSO-GA[C]// IEEE International Conference on Intelligent Computing and Intelligent Systems. IEEE, 2010:233-238.

［3］ Wu X,Zhang K. A better tree-structured vector quantizer[C]//Datacompression Conference, 1991.

［4］ Celebi M E. Improving the performance of k-means for color quantization[J]. Image and Vision Computing,2011,29(4):260-271.

［5］ Celenk M. A color clustering technique for image segmentation[J]. Computer Vision,Graphics,and Image Processing,1990,52(2):145-170.

［6］ Freisleben B,Schrader A. An evolutionary approach to color image quantization[C]// Evolutionary Computation,IEEE International Conference on. IEEE,1997:459-464.

［7］ Omran M G,Engelbrecht A P,Salman A. A color image quantization algorithm based on particle swarm optimization[J]. Informatica,2005,29(3):261-269.

［8］ 沙秋夫,刘向东,何希勤,等. 一种基于粒子群算法的色彩量化方案[J]. 中国图象图形学报, 2007,12(9):1544-1548.

［9］ 许永峰,姜振益. 一种基于粒子群优化的 K-均值彩色图像量化算法[J]. 西北大学学报:自然科学版,2012,42(3):351-354.

［10］ 周鲜成,申群太,王俊年. 基于微粒群的颜色量化算法[J]. 微电子学与计算机,2008,25(3): 51-54.

［11］ Das S,Konar A. Automatic image pixel clustering with an improved differential evolution [J]. Applied Soft Computing,2009,9(1):226-236.

第9章　彩色图像颜色量化问题的自适应优化方法

　　DE 算法有三个控制参数,即种群规模 NP、变异因子 F 和交叉概率 CR。DE算法的执行效果对参数的设置是敏感的[1]。种群规模 NP 一般介于 $5D$ 和 $10D$ 之间(D 是实际问题的维数,在彩色图像颜色量化问题中 $D=3K,K$ 为量化图像颜色数目)较为合理[2]。对于变异因子 F 和交叉概率 CR 的取值选择,不同的研究者提出不同的建议,其中某些选择规则存在互相矛盾的地方,这使得 DE 算法在实际应用中给使用者带来困惑。因此,研究者开始考虑使用某些技巧来调整控制参数。对 DE 算法中的控制参数在迭代过程中进行自适应的调整就是被研究的较多的方法之一[3-5]。已有文献表明对 F 和 CR 进行自适应的控制,可以提高 DE 算法的执行效果。

　　DE 算法是典型的演化算法,和 GA 算法类似,通过循环变异、交叉和选择操作来实现种群的逐步优化,算子搜索能力的强弱直接影响算法的整体性能。算子的搜索能力可分为全局搜索能力和局部搜索能力,全局搜索能力可由种群的多样性反映。文献[6]-[12]研究了控制参数与种群多样性的关系。文献[13]对 DE 算法中参数对算法执行效果的影响进行了理论分析,其结果表明,种群规模 NP 越大DE 算法得到实际最优解的可能性就越大,因此 NP 通常都会取得较大,但同时也会导致 DE 算法计算量增加;F 较大则全局搜索能力较强而局部搜索能力较差,F太小会导致种群快速收敛于局部最优值,也会使得种群很难跳出局部最优,因此,F 不能太大,也不能太小;在演化过程中,变异前个体和变异后个体的概率密度在变异和选择作用下趋于最小,因此无论 CR 值如何,种群都会趋于最小化,也就是说,在 DE 算法中 CR 没有 F 重要。另外,CR 用于调整历史信息和当前选择操作之间的权重。CR 越大,种群中保留的历史信息就越少,会使得收敛速度较快,同时也会使得演化过程陷于局部最优。因此,一般建议 CR 取较小的值。文献[14]对 F 从 1~0.5 采用线性递减的自适应策略,保证在搜索初期阶段中个体是从搜索空间的不同区域抽取得到的,在搜索后期阶段中递减的变异因子 F 有助于调整实验解的移动方向来搜索一个相对较小的全局最优解可能存在的空间区域。

　　本章将在第 8 章的彩色图像颜色量化的混合优化策略的基础上对参数 F 和CR 进行自适应控制,提出彩色图像颜色量化的自适应混合优化策略,并通过常用的测试图像来比较自适应混合优化策略和混合优化策略在彩色图像颜色量化问题中的执行效果。

9.1　差分演化算法参数的自适应化

F 和 CR 的取值对算法的收敛性、稳定性和收敛速度影响很大。确定较好的 F 和 CR 是较繁琐、较困难的。因此,在第 8 章提出的彩色图像颜色量化的混合优化策略中运用自适应策略,让 F 和 CR 在演化过程中自动地变化取值。在演化过程中,对每代中的每个个体都重新计算 F 和 CR 的值。记第 t 代中的第 j 个个体对应的变异因子 F 和交叉概率 CR 分别是 $F^{j,t}$ 和 $CR^{j,t}$,具体更新策略[15,16] 如下,即

$$F^{j,t+1} = \begin{cases} 0.1 + \text{rand} * 0.9, & \text{rand} < 0.1 \\ F^{j,t}, & \text{其他} \end{cases} \tag{9.1}$$

$$CR^{j,t+1} = \begin{cases} \text{rand}, & \text{rand} < 0.1 \\ CR^{j,t}, & \text{其他} \end{cases} \tag{9.2}$$

其中,rand 是在[0,1]服从均匀分布的随机数。

8.1.2 节通过实验结果建议,变异因子 F 和交叉概率 CR 分别在[0.3,0.5]和[0.2,0.6]上取值。因此,在本章提出的彩色图像颜色量化自适应策略中,参数的初始值设为 $F = 0.5$,CR $= 0.6$,且在演变过程中参数随着自适应策略(9.1)和(9.2)更新。

9.2　彩色图像颜色量化的混合自适应差分演化算法

本节在第 8 章的彩色图像颜色量化的混合优化策略中,对参数 F 和 CR 进行自适应控制,提出自适应加速混合差分演化 K 均值聚类算法 1-CIQ(self-adaptive accelerated hybrid differential evolution with K-mean algorithm 1 for CIQ,SaAHDEKM1_CIQ)。本节之前所有算法的初始化均是从 RGB 颜色空间$[0,255]^3$ 中随机选取初始候选调色板。进一步将提出的 SaAHDEKM1_CIQ 算法的初始化方式改为从原彩色图像 I 中所有像素颜色中随机选取初始候选调色板,以简化 SaAHDEKM1_CIQ 算法的搜索空间,提出自适应加速混合差分演化 K 均值聚类算法 2-CIQ(selfadaptive accelerated hybrid differential evolution with K-mean algorithm 2 for CIQ,SaAHDEKM2_CIQ)。SaAHDEKM1_CIQ 算法与 SaAHDEKM2_CIQ 算法的不同之处在于初始化方式不同。下面只给出 SaAHDEKM2_CIQ 算法的步骤。

SaAHDEKM2_CIQ 算法基本步骤如下。

Step1,输入彩色图像 I,确定调色板颜色数目 K,种群规模 NP,变异因子 $F =$

0.5,交叉概率 CR=0.6,概率 P_k,初始迭代次数 $t=0$ 和最大迭代次数 $t_{\max}$。

Step2,种群初始化。在彩色图像 I 的所有像素颜色中随机选择 K 个颜色初始化种群 $X(t)=\{x^{1,t},x^{2,t},\cdots,x^{NP,t}\}$ 中每个个体,即

$$x^{j,t}=(x_1^{j,t},x_2^{j,t},x_3^{j,t},\cdots,x_{3K-2}^{j,t},x_{3K-1}^{j,t},x_{3K}^{j,t})$$

构成一组初始候选调色板 $(c_1^{j,t},c_2^{j,t},\cdots,c_K^{j,t})$。

Step3,对种群 $X(t)$ 中每个个体依次循环进行如下操作,对每个父代个体 $x^{j,t}$,产生以在[0,1]服从均匀分布的随机数 randp,如果 randp$\leqslant$P_k,执行 Step4;否则,执行 step5。

Step4,对每个个体应用 K 均值算法迭代 10 次,并把迭代产生的个体与原个体对比,适应值优的个体进入下一代种群,并进行更新 $x^{\text{best},t}$。

Step5,对每个个体依次进行如下加速的 DE/best/1 操作。

第一,若 $t=0$,则变异因子和交叉概率分别取初始值 $F^{j,t}=0.5$ 和 $CR^{j,t}=0.6$;否则,在[0,1]产生均匀分布的随机数 rand,按照式(9.1)和式(9.2)更新变异因子和交叉概率 $F^{j,t}$ 和 $CR^{j,t}$。

第二,从种群 $X(t)$ 中随机选取两个不同的个体 $x^{r_1,t}$,$x^{r_2,t}$,令 diff$=(x^{r_1,t}-x^{r_2,t})\%100$,则根据给定的变异因子 F 进行变异得到子代个体,即

$$u^{j,t}=(u_1^{j,t},u_2^{j,t},u_3^{j,t},\cdots,u_{3K-2}^{j,t},u_{3K-1}^{j,t},u_{3K}^{j,t})=x^{\text{best},t}+F^{j,t}\cdot\text{diff}\quad(\text{DE/best/1})$$

其中,"%"表示求模操作,即除以 100 所得的余数。

第三,每个父代个体 $X(t)$ 与其对应的子代个体 $u^{j,t}$ 进行交叉,产生中间实验个体 $v^{j,t}=(v_1^{j,t},v_2^{j,t},v_3^{j,t},\cdots,v_{3K-2}^{j,t},v_{3K-1}^{j,t},v_{3K}^{j,t})$,其中

$$v_i^{j,t}=\begin{cases}u_i^{j,t},&\text{若 rand}_i\leqslant CR^{j,t}\text{或}i=\text{rnbr}_j\\x_i^{j,t},&\text{其他}\end{cases},\quad i=1,2,\cdots,3K$$

式中,rnbr_j 是一个在$\{1,2,\cdots,NP\}$中随机选择的整数。

第四,根据式(8.1),计算父代个体 $x^{j,t}$ 和实验个体 $v^{j,t}$ 的适应值 $g(x^{j,t})$ 和 $g(v^{j,t})$,通过适应值竞争,在 $x^{j,t}$ 和 $v^{j,t}$ 之间择优选取,产生下一代种群个体

$$x^{j,t+1}=\begin{cases}x^{j,t},&g(x^{j,t})\leqslant g(v^{j,t})\\v^{j,t},&\text{其他}\end{cases},\quad j=1,2,\cdots,N$$

并进行更新 $x^{\text{best},t}$。

Step6,若 $t<t_{\max}$,则令 $t=t+1$,返回 Step3;否则,进行下述步骤。

Step7,$X(t+1)=\{x^{1,t+1},x^{2,t+1},\cdots,x^{NP,t+1}\}$ 为一组最终候选调色板,比较 $X(t+1)$ 中个体的适应值,记 $f(x^{\text{best}})=\min\limits_{j=1,2,\cdots,NP}\{f(x^{j,t})\}$,则适应值最小的个体为最优调色板,即

$$x^{\text{best}}=(x_1^{\text{best}},x_2^{\text{best}},\cdots,x_{3K}^{\text{best}})\overset{\Delta}{=}(c_1^{\text{best}},c_2^{\text{best}},\cdots,c_K^{\text{best}})$$
$$c_k^{\text{best}}=(x_{1+3(k-1)}^{\text{best}},x_{2+3(k-1)}^{\text{best}},x_{3+3(k-1)}^{\text{best}}),\quad k=1,2,\cdots,K$$

Step8,根据颜色距离最近原则,建立彩色图像 I 与最优调色板(c_1^{best},c_2^{best},$\cdots$, c_K^{best})间的颜色映射,通过映射关系将彩色图像 I 中像素颜色用调色板对应颜色替换,即得到量化彩色图像 I'。

9.3　数 值 实 验

为了验证 9.2 节提出的基于自适应策略的彩色图像颜色量化的混合优化策略的执行效果。本节运用 SaAHDEKM1_CIQ 算法和 SaAHDEKM2_CIQ 算法将图 8.1 中测试图像 Peppers、Baboon、Lena 和 Airplane 均量化为 16 色彩色图像,并通过 MSE 比较 SaAHDEKM1_CIQ 算法和 SaAHDEKM2_CIQ 算法和 AHDEKM_CIQ 算法的量化效果及收敛速度。

本节实验中,SaAHDEKM1_CIQ 算法和 SaAHDEKM2_CIQ 算法中种群规模 NP=100,最大迭代次数 t_{max}=200,变异因子与交叉概率的初始值设置为 F=0.5,CR=0.6,概率 p 分别取为 0.1,0.05,0.01。每个实验均运行 10 次,表 9.1 记录了 10 次实验中的最小适应值 MSE,其中 AHDEKM_CIQ 算法的适应值为第 8.2.4 小节实验得到结果。图 9.1 给出了 SaAHDEKM1_CIQ 算法和 SaAHDEKM2_CIQ 算法的部分量化图像。图 9.2 为 SaAHDEKM1_CIQ 算法、SaAHDEKM2_CIQ 算法和 AHDEKM_CIQ 算法的 10 次实验中的平均 MSE 随迭代次数增大的变化曲线图。

表 9.1　SaAHDEKM1_CIQ、SaAHDEKM2_CIQ 和 AHDEKM_CIQ
的 16 色彩色图像的 MSE(10 次实验的最小值)

算法	p	Peppers	Baboon	Lena	Airplane
SaAHDEKM1_CIQ	0.1	17.4528	22.8004	13.1069	8.2428
	0.05	17.4682	22.7496	12.9709	8.2482
	0.01	17.4551	22.7589	13.1215	8.2510
	方差	5.3784	8.4447	2.8428	0.0602
SaAHDEKM2_CIQ	0.1	17.4577	22.7644	12.9641	8.1106
	0.05	17.4535	22.7531	12.9358	8.0544
	0.01	17.5594	22.7521	12.9605	8.0790
	方差	5.3966	8.4371	2.7773	0.0380
AHDEKM_CIQ	0.1	17.3258	22.7527	12.9390	8.1547
	0.05	17.2075	22.7801	12.9794	8.1060
	0.01	17.2012	22.7478	12.9918	8.1685

(a-1) SaAHDEKM1_CIQ (MSE=17.4528)

(b-1)SaAHDEKM1_CIQ(MSE=22.7496)

(a-2) SaAHDEKM2_CIQ(MSE=17.4535)

(b-2) SaAHDEKM2_CIQ(MSE=22.7521)

(a-3) AHDEKM_CIQ (MSE=17.2012)

(b-3) AHDEKM_CIQ (MSE=22.7478)

(c-1) SaAHDEKM1_CIQ (MSE=12.9709)　　　　(d-1) SaAHDEKM1_CIQ (MSE=8.24281)

(c-2) SaAHDEKM2_CIQ (MSE=12.9358)　　　　(d-2) SaAHDEKM2_CIQ (MSE=8.0544)

(c-3) AHDEKM_CIQ (MSE=12.9390)　　　　(d-3) AHDEKM_CIQ (MSE=8.1060)

图 9.1　SaAHDEKM1_CIQ、SaAHDEKM2_CIQ 与 AHDEKM_CIQ 的 16 色最优量化图像

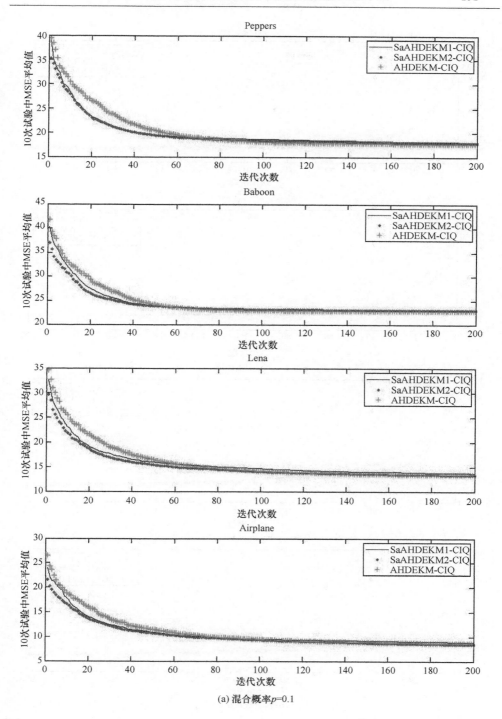

(a) 混合概率 $p=0.1$

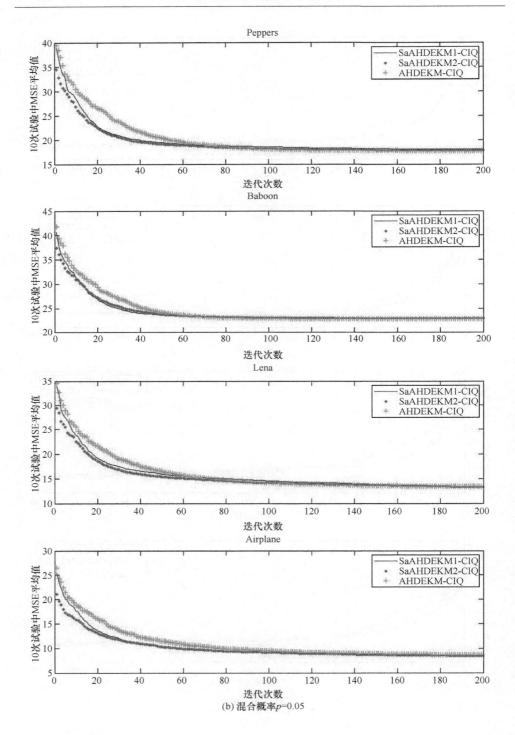

(b) 混合概率p=0.05

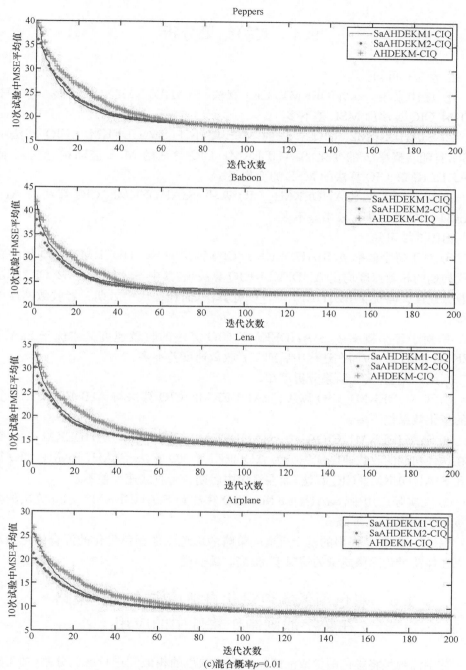

(c)混合概率p=0.01

图 9.2　SaAHDEKM1_CIQ、SaAHDEKM2_CIQ1 与 AHDEKM_CIQ

10 次实验的平均 MSE 值随迭代次数增加的变化曲线

9.4　实验结果分析

由表 9.1 可知。

① 总体来说,SaAHDEKM1_CIQ 算法、SaAHDEKM2_CIQ 算法与 AHDEKM_CIQ 算法的 MSE 差不多。

② SaAHDEKM2_CIQ 算法的 MSE 略小于 SaAHDEKM1_CIQ 算法的 MSE,且随着概率 p 的变化,SaAHDEKM1_CIQ 算法的 MSE 波动相对较大,而 SaAHDEKM2_CIQ 算法的 MSE 的变化很小。

由图 9.1 可见,SaAHDEKM1_CIQ 算法、SaAHDEKM2_CIQ 算法与 AHDEKM_CIQ 算法量化效果差不多。

由图 9.2 可知。

① 对于每个概率 p,SaAHDEKM1_CIQ 算法和 SaAHDEKM2_CIQ 算法在迭代初期的收敛速度均比 AHDEKM_CIQ 算法快,其中 SaAHDEKM2_CIQ 算法的收敛速度又略优于 SaAHDEKM1_CIQ 算法,而在迭代中后期三者收敛速度差不多。

② 对于每个概率 p,SaAHDEKM2_CIQ 算法的收敛速度又略优于 SaAHDEKM1_CIQ 算法,而在迭代中后期二者收敛速度差不多。

因此,由上述实验结果分析可知。

① SaAHDEKM1_CIQ 算法、SaAHDEKM2_CIQ 算法与 AHDEKM_CIQ 算法的量化效果差不多。

② SaAHDEKM1_CIQ 算法、SaAHDEKM2_CIQ 算法与 AHDEKM_CIQ 算法在迭代初期的收敛速度优先级为 AHDEKM_CIQ 算法、SaAHDEKM1_CIQ 算法和 SaAHDEKM2_CIQ 算法,而在迭代中后期三者收敛速度差不多。

③ 在实际应用中,SaAHDEKM1_CIQ 算法和 SaAHDEKM2_CIQ 算法的概率 p 可折中取值为 0.05。

综述所述,本章提出的基于自适应策略的彩色图像颜色量化的混合优化策略可以在保持量化图像质量的情况下,提高收敛速度。

9.5　彩色图像颜色量化自适应混合优化策略
在数字油画制作软件中的应用

数字油画是将彩色图像或油画作品等按颜色的相似性进行区域分割,加工成带颜色编号的线条图,再由绘制者将油画颜料填入相应的区域完成的油画作品。数字油画传统制作过程包括根据颜色对图像进行区域分割,将不同区域颜色进行编号制作色卡,根据区域边界描绘线条图,将每个区域按颜色进行编号。传统的数字油画生产是由手工操作完成的,其工序复杂,需耗费极大的人力物力。

《视美数字油画制作软件》是一款利用图像处理技术自动完成数字油画制作全过程的应用软件。彩色图像或油画作品中包含丰富的颜色信息,为了便于后期绘制者的绘画,需要减少原图像中的颜色数目,即要对图像进行颜色量化处理。一幅好的数字油画作品中需要保留原有彩色图像或油画作品中的丰富颜色层次和必要的颜色细节。因此,在数字油画生成过程中,颜色量化是一个关键性步骤。颜色量化质量直接决定了最终的数字油画作品的优劣。《视美数字油画制作软件》应用本章提出的彩色图像颜色量化的自适应混合优化算法来完成图像的颜色量化。

在如图 9.3 所示的《视美数字油画制作软件》界面中,打开图像文件,然后在颜色聚类框中输入所需的聚类颜色数(即代表色数目),最后,点击"颜色聚类"按钮即可得到量化图像。

(a) 打开图像文件

(b) 输入代表色数目

(c) 量化图像

图 9.3 《视美数字油画制作软件》操作界面

9.6 本章小结

DE 算法对变异因子 F 和交叉概率 CR 进行自适应的控制可以提高算法的收

敛速度。本章在第8章提出的彩色图像颜色量化的混合优化策略中对参数 F 和 CR 进行自适应控制,提出彩色图像颜色量化的自适应混合优化策略。为了简化搜索空间,进一步对自适应混合优化策略的初始化方式进行了修改,将从 RGB 颜色空间中随机选取初始候选调色板,改为从原彩色图像 I 的所有像素颜色中随机选取初始候选调色板。常用测试图像的量化实验结果表明,本章提出的彩色图像颜色量化的混合优化策略,在保持图像颜色量化效果的同时,提高了算法收敛速度。最后,本章将提出的彩色图像颜色量化的混合优化策略成功地应用于数字油画制作软件中。

参 考 文 献

[1] Das S,Suganthan P N. Differential evolution:a survey of the state-of-the-art[J]. Evolutionary Computation,IEEE Transactions on,2011,15(1):4-31.

[2] Storn R,Price K. Differential evolution-a simple and efficient adaptive scheme for global optimization over continuous spaces[M]. Berkeley:ICSI,1995.

[3] Ali M M,Törn A. Population set-based global optimization algorithms:some modifications and numerical studies[J]. Computersand Operations Research,2004,31(10):1703-1725.

[4] Abbass H A. The self-adaptive pareto differential evolution algorithm[C]// Evolutionary Computation,Proceedings of the 2002 Congress on. IEEE,2002.

[5] Mallipeddi R,Suganthan P N. Differential evolution algorithm with ensemble of populations for global numerical optimization[J]. Opsearch,2009,46(2):184-213.

[6] Zaharie D. On the explorative power of differential evolution[C]// The 3rd International Workshop on Symbolic and Numerical Algorithms on Scientific Computing,2001.

[7] Zaharie D. Parameter adaptation in differential evolution by controlling the population diversity[C]// Proceedings of the International Workshop on Symbolic and Numeric Algorithms for Scientific Computing,2002:385-397.

[8] Zaharie D. A comparative analysis of crossover variants in differential evolution[J]. Proceedings of IMCSIT,2007,2007:171-181.

[9] Zaharie D. Statistical properties of differential evolution and related random search algorithms [J]// Compstat 2008. Physica-Verlag HD,2008:473-485.

[10] Zaharie D. Influence of crossover on the behavior of differential evolution algorithms[J]. Applied Soft Computing,2009,9(3):1126-1138.

[11] Dasgupta S,Biswas A,Das S,et al. The population dynamics ofdifferential evolution:a mathematical model[C]//IEEE Congress on Evolutionary Computation,2008:1439-1446.

[12] Dasgupta S,Das S,Biswas A,et al. On stability and convergence of the population-dynamics in differential evolution[J]. AI Communications,2009,22(1):1-20.

[13] Wang L,Huang F. Parameter analysis based on stochastic model for differential evolution algorithm[J]. Applied Mathematics and Computation,2010,217(7):3263-3273.

[14] Das S, Konar A, Chakraborty U K. Two improved differential evolution schemes for faster global search[C]//Proceedings of the 7th Annual Conference on Genetic and Evolutionary Computation, 2005: 991-998.

[15] Brest J, Bošković B, Greiner S, et al. Performance comparison of self-adaptive and adaptive differential evolution algorithms[J]. Soft Computing, 2007, 11(7): 617-629.

[16] Brest J, Žumer V, Maučec M S. Self-adaptive differential evolution algorithm in constrained real-parameter optimization [C]//Evolutionary Computation, IEEE Congress on. IEEE, 2006: 16-21.

附　　录

对于经典 DE/rand/1（不考虑交叉操作），下面详细计算当目标种群 $X(t)=X\subset(0,m]$ 时，实验向量 $\boldsymbol{u}(t)=\boldsymbol{v}(t)=\boldsymbol{x}_{r_1}+F(\boldsymbol{x}_{r_2}-\boldsymbol{x}_{r_3})$ 落在区间 $(-2/m,0)$ 的概率。F 是变异因子，在区间 $(0,1)$ 取值。假设目标种群中的个体在 $(0,m]$ 服从均匀分布，$\boldsymbol{x}_{r_1}$、$\boldsymbol{x}_{r_2}$ 和 $\boldsymbol{x}_{r_3}$ 是从目标种群 $X(t)$ 中随机选取的个体。因此，它们之间相互独立同分布，并且关于 $x(t)$ 有如下相同的概率密度函数，即

$$f(x)=\begin{cases}\dfrac{1}{m}, & x\in[0,m]\\[2mm] 0, & \text{其他}\end{cases}$$

为了求得 $F(\boldsymbol{x}_{r_2}-\boldsymbol{x}_{r_3})$ 的概率密度函数，关于 $\boldsymbol{x}_{r_2}$ 和 $\boldsymbol{x}_{r_3}$ 的联合概率密度函数可以表示为

$$h(\boldsymbol{x}_2,\boldsymbol{x}_3)=\begin{cases}\dfrac{1}{m^2}, & x_2,x_3\in[0,m]^2\\[2mm] 0, & \text{其他}\end{cases}$$

于是，关于 $F(\boldsymbol{x}_{r_2}-\boldsymbol{x}_{r_3})$ 的概率分布函数为

$$\begin{aligned}P(y)&=P\{F\cdot(\boldsymbol{x}_{r_2}-\boldsymbol{x}_{r_3})\leqslant y\}\\&=P\left\{(\boldsymbol{x}_{r_2}-\boldsymbol{x}_{r_3})\leqslant\dfrac{y}{F}\right\}\\&=\iint_D h(x_2,x_3)\mathrm{d}x_2\mathrm{d}x_3\end{aligned}$$

其中，D 是区域 $\{(x_2,x_3)\,|\,x_2-x_3\leqslant y/F\}$。

根据 y/F 取值不同，$p(y)$ 的表达式由如下四部分组成，即

$$P(y)=\begin{cases}0, & \dfrac{y}{F}\leqslant -m\\[3mm] \displaystyle\int_0^{m+y/F}\mathrm{d}x_2\int_{x_2-y/F}^m\dfrac{1}{m^2}\mathrm{d}x_3, & -m\leqslant\dfrac{y}{F}<0\\[3mm] \displaystyle\int_0^{y/F}\mathrm{d}x_2\int_0^m\dfrac{1}{m^2}\mathrm{d}x_3+\int_{y/F}^m\mathrm{d}x_2\int_{x_2-y/F}^m\dfrac{1}{m^2}\mathrm{d}x_3, & 0\leqslant\dfrac{y}{F}<m\\[3mm] \displaystyle\int_0^m\mathrm{d}x_2\int_0^m\dfrac{1}{m^2}\mathrm{d}x_3, & \dfrac{y}{F}\geqslant m\end{cases}$$

即

$$p(y)=\begin{cases}0, & y<-mF\\[2mm]\dfrac{1}{2m^2}\left(m+\dfrac{y}{F}\right)^2, & -mF\leqslant y<0\\[3mm]\dfrac{1}{2}+\dfrac{y}{mF}-\dfrac{1}{2}\left(\dfrac{y}{mF}\right)^2, & 0\leqslant y<mF\\[3mm]1, & y\geqslant mF\end{cases}$$

于是,关于 $F(\pmb{x}_{r_2}-\pmb{x}_{r_3})$ 的概率分布函数可以表示为

$$p_1(y)=\begin{cases}\dfrac{1}{mF}\left(1+\dfrac{y}{mF}\right), & -mF\leqslant y<0\\[3mm]\dfrac{1}{mF}\left(1-\dfrac{y}{mF}\right), & 0\leqslant y<mF\\[3mm]0, & \text{其他}\end{cases}$$

考虑到 $\pmb{x}_{r_1}$、$\pmb{x}_{r_2}$ 和 $\pmb{x}_{r_3}$ 相互独立,因此 $\pmb{x}_{r_1}$ 和 $F(\pmb{x}_{r_2}-\pmb{x}_{r_3})$ 也是相互独立的。根据卷积公式,可以得到关于 $\pmb{x}_{r_1}+F(\pmb{x}_{r_2}-\pmb{x}_{r_3})$ 的概率密度函数,即

$$p_2(v)=\int_{-\infty}^{+\infty}f(v-y)p_1(y)\mathrm{d}y$$

其中

$$f(v-y)p_1(y)=\begin{cases}\dfrac{1}{m^2F}\left(1+\dfrac{y}{mF}\right), & -mF\leqslant y<0, 0\leqslant v-y<m\\[3mm]\dfrac{1}{m^2F}\left(1-\dfrac{y}{mF}\right), & 0\leqslant y<mF, 0\leqslant v-y<m\\[3mm]0, & \text{其他}\end{cases}$$

① 如果 F 在 $[0,0.5]$ 取值,则随着 v 取值变动,概率密度函数 $p_2(v)$ 可以表示为

$$p_2(v)=\begin{cases}\displaystyle\int_{-mF}^{v}\dfrac{1}{m^2F}\left(1+\dfrac{y}{mF}\right)\mathrm{d}y, & -mF<v\leqslant 0\\[4mm]\displaystyle\int_{-mF}^{0}\dfrac{1}{m^2F}\left(1+\dfrac{y}{mF}\right)\mathrm{d}y+\int_{0}^{mF}\dfrac{1}{m^2F}\left(1-\dfrac{y}{mF}\right)\mathrm{d}y, & 0<v\leqslant mF\\[4mm]\displaystyle\int_{-mF}^{0}\dfrac{1}{m^2F}\left(1+\dfrac{y}{mF}\right)\mathrm{d}y+\int_{0}^{mF}\dfrac{1}{m^2F}\left(1-\dfrac{y}{mF}\right)\mathrm{d}y, & mF<v\leqslant m(1-F)\\[4mm]\displaystyle\int_{v-m}^{0}\dfrac{1}{m^2F}\left(1+\dfrac{y}{mF}\right)\mathrm{d}y+\int_{0}^{mF}\dfrac{1}{m^2F}\left(1-\dfrac{y}{mF}\right)\mathrm{d}y, & m(1-F)<v\leqslant m\\[4mm]\displaystyle\int_{v-m}^{mF}\dfrac{1}{m^2F}\left(1-\dfrac{y}{mF}\right)\mathrm{d}y, & m<v\leqslant m(1+F)\\[4mm]0, & \text{其他}\end{cases}$$

即

$$p_2(v)=\begin{cases} \dfrac{1}{m^3F^2}\Big[\dfrac{1}{2}v^2+mFv+\dfrac{1}{2}(mF)^2\Big], & -mF<v\leqslant0 \\[2mm] \dfrac{1}{m^3F^2}\Big[-\dfrac{1}{2}v^2+mFv+\dfrac{1}{2}(mF)^2\Big], & 0<v\leqslant mF \\[2mm] \dfrac{1}{m}, & mF<v\leqslant m(1-F) \\[2mm] \dfrac{1}{m^3F^2}\Big[-\dfrac{1}{2}(v-k)^2-mF(v-k)+\dfrac{1}{2}(mF)^2\Big], & m(1-F)<v\leqslant m \\[2mm] \dfrac{1}{m^3F^2}\Big[\dfrac{1}{2}(v-k)^2-mF(v-k)+\dfrac{1}{2}(mF)^2\Big], & m<v\leqslant m(1+F) \\[2mm] 0, & 其他 \end{cases}$$

② 如果 F 在 $(0.5,1]$ 取值,则随着 v 取值变动,概率密度函数 $p_2(v)$ 可以表示为

$$p_2(v)=\begin{cases} \int_{-mF}^{v}\dfrac{1}{m^2F}\Big(1+\dfrac{y}{mF}\Big)\mathrm{d}y, & -mF<v\leqslant0 \\[2mm] \int_{-mF}^{0}\dfrac{1}{m^2F}\Big(1+\dfrac{y}{mF}\Big)\mathrm{d}y+\int_{0}^{v}\dfrac{1}{m^2F}\Big(1-\dfrac{y}{mF}\Big)\mathrm{d}y, & 0<v\leqslant m(1-F) \\[2mm] \int_{v-k}^{0}\dfrac{1}{m^2F}\Big(1+\dfrac{y}{mF}\Big)\mathrm{d}y+\int_{0}^{v}\dfrac{1}{m^2F}\Big(1-\dfrac{y}{mF}\Big)\mathrm{d}y, & m(1-F)<v\leqslant mF \\[2mm] \int_{v-m}^{0}\dfrac{1}{m^2F}\Big(1+\dfrac{y}{mF}\Big)\mathrm{d}y+\int_{0}^{mF}\dfrac{1}{m^2F}\Big(1-\dfrac{y}{mF}\Big)\mathrm{d}y, & mF<v\leqslant m \\[2mm] \int_{v-m}^{mF}\dfrac{1}{m^2F}\Big(1-\dfrac{y}{mF}\Big)\mathrm{d}y, & m<v\leqslant m(1+F) \\[2mm] 0, & 其他 \end{cases}$$

即

$$p_2(v)=\begin{cases} \dfrac{1}{m^3F^2}\Big[\dfrac{1}{2}v^2+mFv+\dfrac{1}{2}(mF)^2\Big], & -mF<v\leqslant0 \\[2mm] \dfrac{1}{m^3F^2}\Big[-\dfrac{1}{2}v^2+mFv+\dfrac{1}{2}(mF)^2\Big], & 0<v\leqslant m(1-F) \\[2mm] \dfrac{1}{m^3F^2}\Big[-\dfrac{1}{2}v^2-\dfrac{1}{2}(v-k)^2+m^2F\Big], & m(1-F)<v\leqslant mF \\[2mm] \dfrac{1}{m^3F^2}\Big[-\dfrac{1}{2}(v-k)^2-mF(v-k)+\dfrac{1}{2}(mF)^2\Big], & mF<v\leqslant m \\[2mm] \dfrac{1}{m^3F^2}\Big[\dfrac{1}{2}(v-k)^2-mF(v-k)+\dfrac{1}{2}(mF)^2\Big], & m<v\leqslant m(1+F) \\[2mm] 0, & 其他 \end{cases}$$

进而,可推算实验向量 $\boldsymbol{u}(t)$ 落在 $(-2/k,0)$ 上的概率密度函数,即

$$p\left\{\boldsymbol{u}(t) \in \left(-\frac{2}{k},0\right)\right\} = \int_{-2/k}^{0} p_2(v)\mathrm{d}v$$

$$= \begin{cases} \int_{-mF}^{0} \frac{1}{m^3 F^2}\left[\frac{1}{2}v^2 + mFv + \frac{1}{2}(mF)^2\right]\mathrm{d}v, & -mF > -\dfrac{2}{k} \\[3mm] \int_{-2/m}^{0} \frac{1}{m^3 F^2}\left[\frac{1}{2}v^2 + mFv + \frac{1}{2}(mF)^2\right]\mathrm{d}v, & -mF \leqslant -\dfrac{2}{k} \end{cases}$$

$$= \begin{cases} \dfrac{F}{6}, & 0 \leqslant F < \dfrac{2}{m^2} \\[3mm] \dfrac{4}{3m^6 F^2} - \dfrac{2}{m^4 F} + \dfrac{1}{m^2}, & \dfrac{2}{m^2} \leqslant F < 1 \end{cases}$$